高等院校公选课系列教材

总主编 罗胜京

中外园林赏析

GARDENS

江海燕　刘钧　主编

重庆大学出版社

图书在版编目（CIP）数据

中外园林赏析 / 江海燕，刘钧编著. —重庆：重庆大学出版社，2013.8（2024.1重印）
高等院校公选课系列教材
ISBN 978-7-5624-7374-9

Ⅰ.①中… Ⅱ.①江… ②刘… Ⅲ.①园林艺术—鉴赏—世界—高等学校—教材 Ⅳ.①TU986.1

中国版本图书馆CIP数据核字（2013）第099939号

高等院校公选课系列教材
中外园林赏析
江海燕　刘　钧　编著
策划编辑：张菱芷　蹇　佳

责任编辑：席远航　　版式设计：三间田＋刘思莹
责任校对：谢　芳　　责任印制：赵　晟

*

重庆大学出版社出版发行
出版人：陈晓阳
社址：重庆市沙坪坝区大学城西路21号
邮编：401331
电话：（023）88617190　88617185（中小学）
传真：（023）88617186　88617166
网址：http://www.cqup.com.cn
邮箱：fxk@cqup.com.cn（营销中心）
全国新华书店经销
重庆亘鑫印务有限公司印刷

*

开本：787mm×1092mm　1/16　印张：8.25　字数：189千
2013年8月第1版　2024年1月第8次印刷
印数：13 501—14 500
ISBN 978-7-5624-7374-9　定价：52.00元

总　序 >>>

追溯高等教育发展的历史，人们不难发现，无论时代如何变化，科学如何发展，知识如何更新，培养什么样的人，如何培养人，始终是高等教育发展研究的主题。进入 21 世纪，社会竞争日益激烈，对大学生的要求也越来越高，当代大学生必须注重素质教育，注重全面发展，才能适应社会的需求。

为了在高等教育中践行全面发展的教育理念，我们组织了全国高校有丰富教学经验的专家学者，精心策划，共同编写了这套高等院校公选课系列教材，其宗旨是以人的全面发展为目标，以提高学生综合素质为重点，为高等学校学生提供集科学性、知识性和趣味性于一体的系列教材，为培养社会所需要的复合型人才尽我们的绵薄之力。

众所周知，公选课不是专门知识的简单堆砌与灌输，而是学科知识的融会贯通与思维方式的开放式转换，不是冰冷逻辑的推演与永无休止的解题，而是人类智慧历史轨迹的描述和人文精神的启迪。有人说，一流的大学一定要有一流的公选课，一流的公选课要为学生的成长搭建跨学科平台。作为编著者的我们深以为然。

因此，该公选课系列丛书以提高学生的创新能力、思辨能力和鉴赏能力为主，体系结构新颖，难度适宜，实用性强，主要涵盖了艺术设计、文学修养、时尚文化、科学技术和技艺实践五大类。其特点：一是立意新颖，大部分教材内容都选取了各学科最新成果和信息，以适应学生把握新文化和知识的需求；二是尊重个性差异，鼓励学生个性发展，激发兴趣，发挥主动的精神，从而达到挖掘学生的个性潜能；三是知识覆盖面广，以更开放和宏观的视角来介绍各学科知识，适应学生知识拓展的需求；四是内容朴实，语言精炼，篇幅适中，选图精美，便于学生理解和接受，可操作性强。整套教材以学科综合知识为基础，在普及专业知识的同时，促进学生审美和鉴赏能力等综合素养的进一步提高。

在本系列丛书出版之际，是为序。

广东工业大学 硕士生导师　罗胜京

2013 年 1 月

前 言 　›››

　　那里有山有水、有树有花，景致看似天然情趣，却又像匠心经营——这就是园林，人们按照心中的理想建造的人间伊甸园。古今中外的园林，正是不同地理、人文、需求、技术下的理想生活场所在时空轴上的浓缩集萃。

　　欣赏万千变化的园林，不仅需要抓住引领变化之"魂"——不同历史地理、不同人文社会下人们生活场所的理想模型；还要抓住引领变化之"法"——不同功能需求、不同创作表现、不同风格技术的设计经营。本书首先简明扼要地建立了园林设计赏析的理论和方法框架，系统阐述了园林设计赏析所需具备的知识体系，使本书融理论和实践于一体。接着以古今中外优秀园林作品为核心，按照时间和空间两条轴线组织内容。古代部分，注重园林发展的历史、地理、人文、社会等背景，结合优秀作品重点阐述各个时期不同国家和地方园林的共同特征；现代方面，注重园林功能、构思、表现手法、风格和技术等方面的时代性和创新性，结合优秀作品重点阐述不同类型和不同风格园林的个性特征。本书涵盖古今中外大量经典和优秀园林作品的图片和案例，对园林作品的解析从规划设计的角度出发，深入浅出，满足公共选修课全面性、普及性及专业性的要求。

　　本书第一、四、五章由江海燕编写，第二、三章由刘钧编写；全文由江海燕审校。部分图片由广东工业大学建筑与城市规划学院 09 城规班的邓海萍、刘嘉怡、蔡晓辉和吴绮琛同学帮助处理，感谢她们的辛勤付出。

江海燕

2013 年 3 月

ZHONGWAIYUANLIN
SHANGXI

目 录 〉〉〉

CHAPTER 1

第1章
园林欣赏概述

YUANLIN XINSHANG GAISHU

1.1
园林及其基本形式

1.1.1 园林概念与类别

在一定的地域运用工程技术和艺术手段，通过改造地形（或进一步筑山、叠石、理水），种植树木花草，营造建筑和布置园路等途径创作而成的美的自然环境和游憩境域，就称为园林。园林的概念内涵和外延随不同历史时期和不同国家而不同。在我国古代，"园林"由囿、苑、园、山庄、别业等多种名称演绎而来；在英美国家，园林表述为 Garden、Park、Landscape Garden 等。本书所指的园林是指以人工创造手段为主的公园、庭园、游园、城市广场、住宅花园等，不包括天然形成的以自然景观为主的风景区、国家公园等类型（图1-1、图1-2）。

图1-1 中国苏州园林

图1-2 美国纽约中央公园

1.1.2 园林形式与内容

园林形式与内容是不同的文化传统、生活方式、风俗习惯、地理条件等综合作用的结果。总体而言，园林形式分为三类：规则式、自然式和混合式。

（1）规则式园林 规则式园林又称为几何式、整形式、对称式、建筑式园林。从古代埃及、巴比伦、希腊、罗马到18世纪英国风景园林产生之前，西方园林主要以规则式为主，到文艺复兴时期意大利的台地园和19世纪法国勒·诺特式古典园林使规则式园林发展达到巅峰。这类园林的形式和内容具有以下特征：全园在平面上具有明显的主要中轴线和次要轴线，并大致按轴线对称或拟对称布局，这些轴线多为主体建筑室内轴线向室外的延伸。水体外形轮廓多为方形和圆形；

图1-3　法国凡尔赛宫苑

水体驳岸多整形、垂直，有时配有雕塑。水景的类型有整形水池、水阶梯、整形瀑布、喷泉、壁泉、水渠运河等，古代神话主题的雕塑和喷泉构成水景的主要内容，有时也会利用壁泉增加趣味性。植物配植以等距离行列式、对称式、图案式为主，树木修剪整形成几何形或动物造型；绿篱、绿墙、绿门、绿柱、模纹花坛和大规模花坛群是规则式园林种植的突出特点（图1-3、图1-4）。

（2）**自然式园林**　自然式园林又称为风景式、不规则式和山水派园林。自然式园林以中国园林为代表，从周朝开始经历代发展，不论是皇家宫苑还是私家宅园，都以自然山水园林为主，并于6世纪传至日本，18世纪后半叶传至英国。这类园林的形式和内容具有以下特征：地形多以自然山水为蓝本，以高超的掇山理水手法，再现自然界的山峦湖泊、沟谷溪涧等自然地貌景观，其地形剖面多为自然曲线。水体讲究"疏源之去由，察水之来历"，要求再现自然界水景，水体轮廓为自然曲折形，水岸为自然水岸，驳岸用自然山石、石矶等形式。种植要求反映自然植物群落之美，树木不修剪，植物配植以孤植、丛植、群植和密林为主，花卉以花丛、花群为主；庭院

图1-4　意大利兰特庄园

上：图1-5（左）　苏州留园
　　图1-6（右）　北京颐和园（昆明湖景区自然式）
下：图1-7　北京颐和园（佛香阁景区规则式）

有少量几何式花台和修剪盆景，但盆景造型以高度抽象的自然式为主。道路的走向、布局多随地形，平面和剖面多由自然起伏的曲线组成。假山、置石、盆景、石刻、砖雕、石雕、木刻等园林小品多与植物、水景、景墙等要素相结合，多以代表福寿吉祥的神话故事和花鸟图案为主题（图1-5）。

（3）混合式园林　混合式园林是规则式和自然式园林的组合形式，没有全园级别的中轴线和副轴线，只有局部景区、建筑以中轴对称；也没有明显的自然山水骨架，多结合地形，在平坦处以规则式为主，在地形起伏复杂处以自然式为主（图1-6、图1-7）。

1.2
园林构成要素

园林构成要素是园林设计和园林赏析的基础和出发点。一般而言，园林构成要素包括地形、水体、植物、建筑物和构筑物、道路铺装、园林小品等。随着审美观念、科学技术的发展，灯光、音响与水体结合成为现代园林重要的构成要素。园林作品即是设计师通过造园手法，将这些自然和人工要素有机组合，构成特殊的园林形式，表达特定性质、特定主题思想，创造和布置空间以满足人们的审美需求。

1.2.1 地形及水体

地形地貌和水体构成园林的骨架，地形地貌是最重要、也是最常用的园林构成要素之一，是所有园林活动的基础；水是园林中不可缺少的要素，被设计师称为园林的灵魂和生命。

（1）**地形** 地形在园林设计中既是一个美学要素，也是一个实用要素，具有分割空间、控制视线、引导游览路线和速度、改善小气候以及丰富视觉等功能。地形主要包括平地、凸地、脊地、凹地和谷地等基本类型，不同类型的地形因其不同的特征在园林设计中具有不同的作用。平地是所有地形中最简明、最稳定的地形，具有静态、非移动性、无方向性和均衡特点，平地上的设计元素可以不受限制地多方向延伸、重复，这种平地的审美特征在法国勒·诺特式园林中体现得尤为突出（图1-8）。凸地与平地相比，具有动态感和行进感，在景观中可作为视觉焦点，如教堂、

图1-8 法国凡尔赛宫勒·诺特式园林总平面（平地）

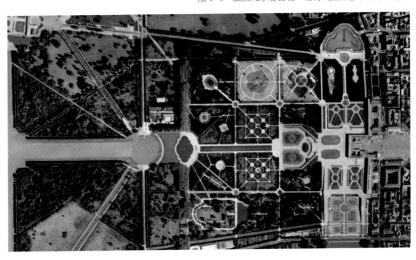

政府大厦、高塔、纪念碑、登高远眺平台或其他重要建筑物常常建于凸地顶部，以提升权威性和庄严性；另外，凸地因其动势是建设瀑布、水阶梯等动态水景的场所，如意大利台地园（图1-9）。脊地与凸地类似，都是指等高线高于周边的一种地形，但凸地总体呈面状，脊地总体呈线状，具有方向上的导向性和动势感，可以沿其脊线方向塑造引导视线的建筑、构筑物焦点，或沿脊线两侧建造外向远眺视野的观景长廊，或在脊地顶部平行于山脊线建设道路、停车场（图1-10）。凹地是一种碗状洼地，具有内向性、封闭性和私密性的特点，常用来布置表演舞台、露天剧场或类似功能空间，也适宜塑造湖泊、水池等水景（图1-11）。谷地是线形的洼地，谷地向两侧的视域是封闭、内向的，适于沿谷线布置溪流、河流和道路（图1-12）。

左：图1-9　意大利兰特庄园水阶梯（凸地）
右：图1-10（上）　广州白云山摩星岭（脊地）
　　图1-11（下）　广州云台花园滟湖（凹地）
下：图1-12　广州云台花园醉华苑（谷地）

（2）**水体** 水体根据形状可分为规则式、自然式和混合式三类；根据是否流动分为动态和静态两类；根据形态可分为线性、面状和点状三类。动态水景包括河、湾、溪、渠、涧、瀑布、涌泉、壁泉等；静态水景包括湖、池、塘、潭、沼等。线性水景包括河流、沟谷、溪涧等；面状水景包括湖泊、池沼、水塘等；点状水景包括深潭、涌泉、壁泉等。另外，水声、倒影也是水景的重要组成部分；水体与地形结合还可以形成堤、岛、半岛、洲、渚等地貌景观（图1-13）。

1.2.2 植物

植物是园林设计中具有生命的自然要素，包括乔木、灌木、地被、花卉、攀援藤本、草坪、水生植物等类型，具有塑造空间、改善环境以及美化观赏等功能。特别是在塑造空间方面能够像建筑物一样构成空间的顶平面、地平面和垂直面；也能组合形成开敞、半开敞和封闭空间以及空间序列。植物在园林美学功能上，除了本身在大小、色彩、质地、形态、芳香等方面的观赏特性外，还具有协调室外空间、强调景点和分区、限制视线、弱化负面景观、识别重要位置、展现空间序列等作用。

在欣赏或设计园林作品时，注意园林植物与动物共同构成鱼戏莲池、鸟语花香等生机盎然的生态景观（图1-14）。

1.2.3 园林建筑、小品和设施

园林建筑、小品和设施是兼具使用和观赏功能，完全由人工创造的园林要素。根据园林设计的立意、功能和造景等需要，通过适当的建筑、小品、设施等人工要素组合，考虑其体量、造型、风格、色彩、材料等与园林其他要素的合理配置，达到画龙点睛的作用。

（1）**园林建筑** 总体而言，园林建筑类型可以分为传统园林建筑和现代园林建筑两大类。

左：图1-13 北京颐和园昆明湖
右：图1-14 不同色彩植物的花境式种植

传统园林建筑包括厅、堂、楼、阁、塔、台、轩、馆、亭、榭、斋、舫、廊等。现代园林建筑根据功能又分为：文化宣传类如纪念馆、展览馆、陈列室等；文娱体育类如电影院、剧场、溜冰场、游泳池、游艺室等；园艺类如观赏温室、盆景园、奇石园等；游览休息类如亭、廊、榭、舫、花架等；服务管理类如游客中心、餐厅、茶室、小卖部、厕所等；园林构筑物如桥、台阶、墙、栅栏等（图1-15）。

（2）园林小品　园林小品是园林中不可缺少的组成部分，主要作用是表达和深化园林主题和立意，增强园林景观的表现力。主要包括雕塑、山石、壁画、摩崖石刻等类型（图1-16）。

（3）园林设施　园林设施在提供实用功能的同时，通过形态、色彩、质地、声音等与其他设计要素的有机组合，能够强化园林景观的风格、主题，增加游览的趣味性。主要包括座椅、花台、宣传牌、垃圾箱、指示牌、灯光、音响等。其中，现代科学技术将灯光、音响与建筑、水景

图1-15　传统园林建筑（承德避暑山庄）

等园林要素有机地结合，从视觉、听觉甚至触觉等方面更加增添如梦似幻、美妙绝伦的审美感受（图1-17）。

1.2.4 道路与广场

　　道路、广场及建筑的有机组织，对园林形式和布局起着决定性的作用。道路与广场构成园林的脉络，在园林中起着组织交通、配置景观序列和引导游览线路的重要作用，其形式主要包括规则型与自然型两种类型。其中，铺装的材料、色彩、图案等对道路、广场的实用和美学功能均有重要意义。

上：图 1-16　园林壁画
下：图 1-17　园林灯光

1.3
园林美学特征

1.3.1 园林美的概念

园林美是指在特定的环境中，由自然美、社会美和艺术美相互渗透所构成的一种整体时空的综合美。它既通过山水、泉石、树木、花卉、建筑和构筑等客观物质实体的线条、色彩、体量、质感、肌理等属性表现出一种形态特征，直接作用于人的感官，给人以审美享受；又通过上述物质实体及其属性，形成变化丰富，灵活自由的风景空间，使人们在动态与静态的游赏活动中，获得美的身心感受；并且还为不同文化心理结构的观赏者，在选择和组织欣赏过程中，创造感情客观化的条件（图 1-18）。

1.3.2 园林审美类型

（1）**自然美** 自然美指在构成园林整体美中，具有线条、色彩、体形、体量、比例、对称、均衡、生机、音响等必备条件的自然物之美。园林的自然美有两类：一是经过人工直接修饰、改造或再塑造的风景，它们"虽由人作，宛自天开"，仍然保持自然特征，使人从中获得自然美的感受。如中国传统山水园林、日本庭园和英国自然风景园林。另一种是未经过人的直接加工修饰，但通过人工选择、提炼和重新组织的大自然风景，如自然风景区、国家公园、自然公园等（图 1-19、图 1-20）。

图 1-18 多种设计要素组合形成的时空艺术美

图1-19 公园人工自然美   图1-20 风景区天然自然美

（2）**社会美** 社会美指园林艺术的内涵美，这种内涵美源于生活。造园家运用一系列艺术法则，使景观体系的和谐之美不仅表现在外部形态上，还表现在精神实质中。这种精神内涵通过将社会生活中的道德标准和高尚情操寓于园林景物之中，或通过景区、景点命名来体现（图1-21、图1-22）。

（3）**艺术美** 艺术美指园林的一种时空综合艺术美。在时间艺术美方面，它具有诗与音乐般的节奏与旋律，能通过想象与联想，使人将一系列的感受，转化为艺术形象。在空间艺术美方面，它具有比一般造型艺术更完备的三度空间，既能使人感觉和触摸，又能使人深入其中，身临其境，观赏和体验它的序列、层次、高低、大小、宽窄、深浅等（图1-23、图1-24）。

（4）**形式美** 形式美指在园林整体美中，以感性特征直接引起人们视觉美感的形式。园林

图1-21 北方皇家园林的气势恢宏之美（颐和园）

的形式美表现在两个方面：一是园林的构成要素——山水、泉石、树木、花卉、建筑等的物质属性，如色彩、形状、质感、肌理等；二是园林的布局形式或不同风格，如规则式、自然式、混合式，或古典风格、现代风格等所形成的审美价值（图1-25）。

上：图1-22　江南私家园林的温婉隽秀之美（扬州个园）
中：图1-23（左）　颐和园秋景
　　图1-24（右）　颐和园冬景
下：图1-25　多种构成要素组合的形式美（广州云台花园）

1.4
园林风格与流派

1.4.1 古典风格

（1）**古罗马廊柱园** 古希腊、古罗马是欧洲园林古典风格的发源地，以优雅的完美主义为特征。其园林位于住宅庭院、天井、神庙或郊外山坡之上的别墅庄园，形式为几何式，一系列带有柱廊的建筑围绕庭院，以水为中心，雕塑、石刻、花卉、植物等都是造园的重要元素（图1-26）。

（2）**意大利台地园** 15世纪初，意大利出现依山而筑的坡地露台花园，园林形式为几何形、中轴对称。轴线多用水阶梯，轴线两侧布置绿篱花坛、喷泉瀑布、常绿树以及各种石造的阶梯、露台、水池、雕塑、栏杆；轴线末端还用绿篱、石级布置绿荫剧场等；植物种植是整形或图案式（图1-27）。

上：图1-26 古罗马哈德里安庄园
下：图1-27 意大利冈贝里亚别墅南端的中轴及绿荫剧场

（3）**法国巴洛克园林** 17世纪，法国园林史上的杰出人物勒·诺特在意大利台地园的基础上，开创了一种新的造园形式，被称为勒·诺特式园林、巴洛克园林或法国古典主义园林。这种园林形式保留了意大利台地园中的轴线、修剪植物、喷水、瀑布等要素，但以一种更宏大、更开朗、更华丽、更复杂、更对称的方式重新组合，且多建于平地；具有严谨的几何秩序、讲究均衡和谐；建筑高高在上，建筑轴线统治园林轴线；轴线两侧或轴线上布置着大花坛、林荫道、水池、喷泉、雕塑、修剪造型的植物和复杂的模纹花坛等（图1-28）。

（4）**英国自然风景园** 17、18世纪，受到中国园林文化的影响，出现了英国自然风景园林。这种园林形式完全抛弃意大利台地园和法国巴洛克园林中的所有不自然的东西，代之以起伏开阔的草地、自然曲折的湖岸、成片自然生长的树木为要素，构成自然式园林的风格（图1-29）。

上：图1-28　法国维康府邸
下：图1-29　英国布伦海姆公园

1.4.2 现代风格

（1）**美国城市公园** 19世纪英国产业革命导致的城市问题和社会问题引发城市公园运动，这一时期以美国风景园林师奥姆斯特德的经典作品——纽约中央公园为代表，开创了一种以自然风格为主，但也不排斥几何布局的、满足大众休闲和娱乐的、向公众开放的崭新的园林形式（图1-30）。

（2）**欧洲新艺术风格** 欧洲新艺术运动是19世纪末、20世纪初发生在欧洲的一次大众化的艺术实践活动，通过模仿自然界生长的草木形状和曲线，力求创造能适应工业时代精神的简化装饰风格，如自然界贝壳、水的旋涡、草木枝叶以及直线几何风格等，均用于设计中的装饰。西班牙建筑师安东尼·高迪的设计作品是新艺术运动所追求的曲线风格在园林中的极端表现例子，其代表作居尔公园采用彩色陶瓷贴外墙面、有机的形状、轮廓，将建筑、雕塑和大自然环境融为一体，充满波动、韵律、动荡不安的线条，色彩、图案、光影、空间的丰富变化，围墙、长凳、廊柱和绚丽的马赛克装饰表现出鲜明的个性，其风格融合了摩尔文化、伊斯兰教与西班牙文化（图1-31）。

上：图1-30 纽约中央公园
下：图1-31 西班牙居尔公园

图 1-32　格罗皮乌斯设计的包豪斯教师住宅和园林　　　　　　　　　　　　图 1-33　赖特设计的"流水别墅"

（3）现代主义　现代主义深受 19 世纪下半叶至第二次世界大战期间现代艺术发展和现代建筑运动的影响，作为一种设计思潮、设计理念，它强调理性主义及功能主义色彩，强调新材料、新技术、新工艺的应用。在园林和建筑界的代表人物有威廉·莫里斯、高迪、沙利文、赖特、柯布希耶、格罗皮乌斯、密斯·凡德罗（图 1-32、图 1-33）。

1.4.3　园林设计新思潮

（1）后现代主义　20 世纪六七十年代以来，现代主义在流行了近 40 年后，其过于注重功能和理性的单调、雷同的形象已不能满足人们的审美需求，于是园林设计思潮转到重新重视历史和传统文化的价值上来。美国建筑师文丘里被认为是后现代主义建筑理论的奠基人，英国建筑理论家詹克斯总结后现代主义的六种类型和特征为：历史主义、直接的复古主义、新地方风格、因地制宜、建筑与城市背景相和谐、隐喻与玄学及后现代空间。典型的后现代景观设计案例有文丘里设计的富兰克林纪念馆、华盛顿西广场；查尔斯·摩尔设计的新奥尔良市意大利广场以及多位建筑师和园林师共同设计的巴黎雪铁龙公园。富兰克林纪念馆主体建筑置于地下，在红砖铺砌的地面上标志出旧有故居建筑的平面，用不锈钢的架子勾画出故居的建筑轮廓，几个雕塑般的展示窗保护并展示着故居的基础，带有符号式的隐喻设计显示出旧建筑的灵魂。设计师用不锈钢架、展示窗、铺装、绿地和树池共同组成一个纪念性花园，唤起参观者的崇敬、仰慕之情（图1-34）。

（2）**结构主义**　结构主义是20世纪下半叶用来分析语言、文化与社会的研究方法之一。结构主义旨在探索文化意义是透过什么样的相互关系（也就是结构）被表达出来。结构主义设计指通过"设计符号"不仅表达物体本身，而且表达文化，将任何设计物体都看成"材质"，每个设计的东西都有各自蕴涵的传统的意义和内涵，然后依据它们之间的关系，将它们组合成一定的形状。结构主义景观设计以美国的丹·凯利为代表人物，其代表作品有米勒庄园（1954年）、芝加哥艺术学院南园（1962年）、达拉斯喷泉广场（1985年）、亨利·摩尔雕塑公园（1988年）、金氏庄园（1996年）等，作品的特点主要包括多用网格结构、不对称布局、水平视线的美感、风格派空间等（图1-35）。

（3）**解构主义**　1967年前后，德国哲学家德里达最早提出解构主义，并于20世纪80年代达到高潮。解构主义大胆向古典主义、现代主义和后现代主义提出质疑，认为应当将一切既定的设计规律加以颠覆，如反对设计中的统一与和谐，反对形式、功能、结构、经济彼此之间的有机联系，认为建筑可以不考虑周围的环境或文脉等，提倡分解、片段、不完整、无中心、持续地变化，运用裂解、悬浮、消失、分裂、拆散、移位、斜轴、拼接等手法进行设计。解构主义景观设计代

图1-34　费城附近的富兰克林纪念馆

图1-35　达拉斯喷泉广场

表人物和典型案例有：建筑师屈米于1982年设计的巴黎拉·维莱特公园（图1-36）、建筑师里勃斯金德于1989年设计的柏林犹太人博物馆及霍夫曼花园。

（4）**极简主义** 20世纪60年代初，美国出现把造型艺术剥离到只剩下最基本的元素而达到纯粹抽象的极简主义艺术。其特征主要有：非人格化、客观化，表现的只是一个存在的物体，而非精神，摈弃任何具体的内容、反映和联想；使用工业材料，如不锈钢、电镀铝、玻璃等，审美趣味上具有工业文明的时代感；崇尚工业化结构，采用机器制造作品；形式简约、明晰，多用简单的几何形体，具有纪念碑式的风格；颜色尽量简化，一般只用一两种颜色或黑白灰色，色彩均匀；构成中推崇非关联构图，只强调整体；重复、系列化地摆放物体单元，没有变化或对立统一，排列方式按代数、几何倍数或等距；雕塑不使用基座和框架，直接与环境发生联系。在景观设计领域，极简主义的代表人物为彼得·沃克，典型作品有哈佛大学的泰纳喷泉（1974年）、福特·沃斯市的伯纳特公园（1983年）、德克萨斯州的索拉那IBM研究中心（1990年）、加州橘郡市镇中心广场大厦（1991年）、日本京都高科技中心（1993年）（图1-37）。

（5）**生态主义** 20世纪60－70年代，经济发展和城市繁荣带来了急剧增加的污染、严重的石油危机，人类意识到自己正在破坏赖以生存的自然环境，"人类的危机""增长的极限"一系列环境运动的兴起，促使人们考虑将自己的生活建立在对环境的尊重之上。以美国宾夕法尼亚大学景观设计和区域规划教授麦克哈格出版的《设计结合自然》（1969年）为标志，成为生态主义景观设计思想的里程碑。20世纪70年代以后，受环境保护主义和生态思想的影响，更多的景观设

图1-36 巴黎拉·维莱特公园

计师在设计中遵循生态的原则，尊重生命的规律。如反映生物的区域性，顺应原址的自然条件，合理利用土壤、植物和其他自然资源；依靠可再生能源，充分利用日光、自然通风和降水；选用当地材料，特别注重乡土植物的运用；注重材料的循环使用并利用废弃的材料减少能源消耗和维护成本；注重生态系统的保护、生物多样性的保护与建立，发挥自然自身的能动性，建立和发展良性循环的生态系统；体现自然元素和自然过程，减少人工痕迹。生态主义设计的代表人物和代表作品主要有：麦克哈格的费城大都市区开放空间和空气库研究、哈克的西雅图煤气厂公园、德国彼得·拉茨的杜伊斯堡风景公园等（图1-38）。

上：图1-37 哈佛大学的泰纳喷泉
下：图1-38 德国杜伊斯堡风景公园空中步道及料仓小花园

　　中国古典园林是我国传统文化的重要组成部分，是人类文明不可或缺的部分。中国园林历史悠久，从有文字记载的殷周时期的"囿"算起，已有3000多年的历史。中国古典园林以高超的艺术成就，客观真实地反映了中国历代王朝的历史文化脉络、政治经济兴衰、建筑工程技术和造园水平，深刻诠释了中国古代哲学思想、宗教信仰、文化艺术的内蕴，是中华民族内在精神品质的生动写照，更是中国五千年文化史造就的艺术珍品。中国古典园林主要包括皇家园林、私家园林、寺庙园林和风景名胜四大类，由于风景名胜多以自然景观为主，故不在本书范围之列。

第 2 章

中国古典园林赏析

ZHONGGUO GUDIAN YUANLIN SHANGXI

2.1
皇家园林

皇家园林是专供帝王居住和游乐的园林，史称"苑囿"。皇家园林以其悠久的历史、宏大的规模布局、完备的功能设施、富丽堂皇的宫廷建筑，堪称我国园林艺术之瑰宝，具有很高的文化与旅游价值。

2.1.1 发展历程

（1）**殷商时期**　公元前16—前11世纪，在殷商甲骨文中就存在有关皇家园林"囿"的记录。据此，有关专家们推测，中国皇家园林始于殷商。所谓"囿"即供帝王贵族狩猎、游乐的一种园林。它通常是在选定地域划定范围，或构筑界垣，让草木鸟兽在其中自然生长繁育，并筑台掘池，供帝王贵族狩猎游乐。当时著名的皇家园林为周文王的灵台、灵沼和灵囿，它们不仅是有文字记载的中国最早的园林，也是中国自然山水园林艺术形式的先驱，在中国园林艺术史上占有重要地位。

（2）**秦汉时期**　公元前221—220年，秦汉时期的皇家园林为山水宫苑的形式出现，即以宏伟的宫苑建筑为主，以山水动植物为辅。秦始皇在秦都咸阳大兴土木，修建了著名的宫室建筑群——阿房宫（图2-1）。汉武帝在秦代上林苑的基础上，继其规模，大幅扩建。汉代上林苑是中国皇家园林建设的第一个高潮，对神仙生活的向往，促进了园林中"一池三山"山水体系的确立，也奠定了山体、水体和建筑在中国古典园林中的基础地位。

（3）**魏晋南北朝时期**　220—589年，此时皇家园林的发展处于转折期，在秦汉时期仙岛神域的模式基础上，造园技术和意境营造得到了很大提高。芳林园历经曹魏、西晋直到北魏的若干朝代200余年的不断建设，成为当时北方的一座著名的皇家园林，其造园艺术的成就在中国

图2-1　袁江《阿房宫图》　清

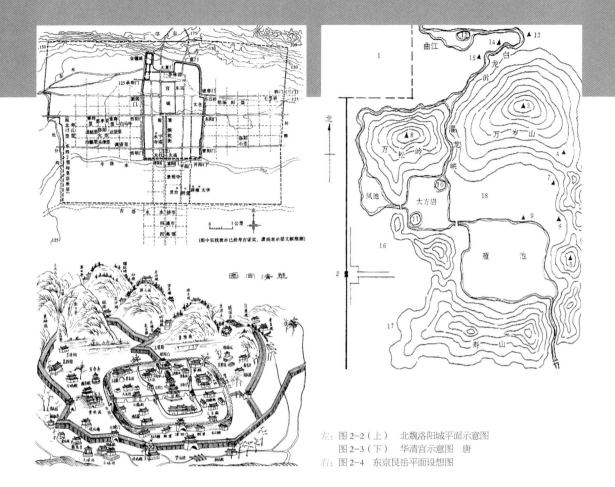

左：图 2-2（上）　北魏洛阳城平面示意图
　　图 2-3（下）　华清宫示意图　唐
右：图 2-4　东京艮岳平面设想图

古典园林史上也占有一定的地位（图 2-2）。

（4）**隋唐时期**　581－907 年，我国园林全盛时期，皇家园林布局趋于规整化，内容多样化。这时期的皇家园林根据其地处的位置分为大内御苑、行宫御苑和离宫御苑，三种园林类型的区分说明园林向着更加规范化的方向发展。唐代华清宫是这一时期离宫御苑的代表作（图 2-3）。

（5）**宋元时期**　960－1368 年，从宋代起，我国古代园林发展进入了成熟阶段，皇家苑囿有了新的变化。宋代的皇家园林更注重整体的规划设计和细节上的推敲，以北宋宋徽宗的东京艮岳最具代表性（图 2-4）。东京艮岳是一座表现山水胜景为主题的大型皇家园林，其山水创作艺术极为精湛，各种景致力求细腻变化。我国以自然山水为主体的写意山水园林在宋代已趋于成熟，为以后明清园林发展打下了坚实的基础。

（6）**明清时期**　1368－1911 年，皇家园林的建设趋于成熟。明代皇家园林的整体规划与宫城的布局一致，平面规整，有突出的中轴线，以对称的手法，均衡布局，园林建筑与宫城的设计协调统一，突显皇家气派。清代的造园艺术在继承传统的基础上又实现了一次飞跃，这个时期的

图 2-5　北京颐和园万寿山

皇家园林不仅数量众多，而且建造水平堪称中国古典园林的巅峰。清朝定都北京以后，从海淀镇到香山，共分布着 90 多座皇家园林，连绵 20 余里，蔚为壮观。最著名的如颐和园、北海、避暑山庄、圆明园，无论是在选址、立意、借景、山水构架的塑造、建筑布局与技术、假山工艺、植物布置，乃至园路的铺设都达到了令人叹服的境界（图 2-5）。

2.1.2 造园特点

（1）**规模布局宏大，气势雄伟**　皇家园林作为皇家的休憩之地，其规模之宏大远非私家园林可比拟。皇家园林通常可以划分为两个部分，一是用于办公休息的宫殿区，二是用于娱乐游玩的苑景区。

（2）**功能完备，设施齐全**　皇家园林的景区范围大，景观丰富，各类功能设施完备。按照地形特点和使用性质不同，园林中各个景区可以划分为办公、居住、游玩、赏景和祭祀等多种功能景区。

（3）**建筑富丽堂皇，寓意皇权至上**　皇家园林既可包罗自然的山山水水，亦能创造宛如天开的山水风景。皇家园林的选址精心，建筑富丽堂皇，突显出建筑的形式美，具有深厚的艺术内涵和精湛的工艺水平，与园林景色搭配协调，体现"富甲天下、囊括海内"的皇家气派。

（4）**采江南园林之灵秀，兼收并蓄**　皇家园林多处于北方，北方园林模仿江南，早在明代中叶已见端倪。自清朝康熙以来皇家造园兴起摹拟江南、效法江南的高潮，把北方和南方、皇家与民间的造园艺术融汇兼收，使其造园技艺达到了前所未见的广度和深度，展现出中国南北方园林秀色兼收之特殊风格。

2.1.3 名园赏析

1）颐和园

（1）**建造历史**　颐和园是中国现存规模最大、保存最完整的皇家园林，中国四大名园之一，被誉为皇家园林博物馆。颐和园原名清漪园，始建于 1750 年，历时 11 年，在 1761 年建成。1860年，清漪园被英法联军焚毁。1884－1888 年，慈禧太后挪用海军经费 3600 万两白银重建，取意"颐养冲和"更名为颐和园。1900 年，颐和园又遭八国联军劫掠，1903 年修复。后来在军阀、国民党统治时期，屡遭破坏，解放后不断修缮。1961 年 3 月 4 日，颐和园被公布为第一批全国重点文物保护单位，1998 年 11 月被列入《世界遗产名录》。

（2）**规划布局**　颐和园占地约 290 公顷，其中水面约占总面积的 3/4。利用昆明湖、万寿山为基址，以杭州西湖风景为蓝本，汲取江南园林的设计手法和意境，建成一座大型天然山水园林。主要由宫殿区、前山区、万寿山区、后湖区、昆明湖区组成。全园布局北山南水，以万寿山佛香阁为视觉中心，南北景观统一在一条轴线上，轴线上布局有：凤凰墩、南湖岛、万寿山、牌坊、排云殿、佛香阁、须弥灵境、石拱桥、北大门（图 2-6、图 2-7）。

（3）**设计手法**　全园使用仿景缩景手法，或写实或写意，把北方园林、江南园林、少数民族园林的艺术成就综合运用于园林之中。万寿山区突显北方园林布局，严格的轴线和对称之制十分明显。前山排云殿组群，后山须弥灵境组群，两组建筑群轴线略有东西之差，但不影响总体轴线的一致性。后山的须弥灵境是一组藏式建筑，以红黄色为基调，平台层层叠叠，平台空间干净整洁，气度非凡。后湖区古树参天，碧水萦回，环境清幽，与前山的华丽形成鲜明对照。与前湖一水相通的苏州街，酒幌临风，店肆熙攘。谐趣园则曲水复廊，足谐其趣。在昆明湖湖畔，还有著名的石舫、惟妙惟肖的铜牛、赏春观景的知春亭等别具特色的点景建筑（图 2-8 至图 2-10）。

上：图 2-6（左）　颐和园佛香阁宝顶鸟瞰排云殿建筑群和昆明湖
　　图 2-7（右）　颐和园昆明湖畔的清宴舫
下：图 2-8　颐和园十七孔桥

左：图2-9　颐和园苏州街
右：图2-10　颐和园谐趣园

2）圆明园

（1）建造历史　圆明园位于北京西郊海淀，始建于1709年，是清朝皇帝避暑、理政、居住、娱乐的场所，历经康熙、雍正、乾隆、嘉庆、道光、咸丰六代皇帝共150余年的建造，清朝康熙帝把该园赐给四子胤禛（后来的雍正帝），并赐名圆明园。该园是我国历史上最著名的大型皇家园林，被誉为"一切造园艺术的典范"和"万园之园"。1860年和1900年，圆明园遭到英法联军和八国联军的劫掠后被焚毁，只留下一些残垣断壁和山形水系的骨架。如今，劫难后的圆明园经北京市政府的保护和整理，辟为圆明园遗址公园。

（2）规划布局　圆明园包括圆明、长春、万春三园，占地面积约350公顷，其中水面占1/3。圆明园引用玉泉山和万泉河两水系入园，凿湖堆山，形成仿江南水乡景色的复层山水空间。在平地中巧理水系，创作出山重水转，层层叠叠的上百处自然山水空间，穿插嵌合园林建筑的院落空间，求得多样变化的造型艺术和形式美感。圆明园的整体布局运用象征手法，以九洲清晏为中心，东有福海象征东海，海中三岛象征东海三仙山，西北角有紫碧山房象征昆仑山。

（3）设计手法　园中大量摹仿江南私家园林和西方古典建筑，融中西、南北园林艺术风格于一体，仿中有创，形神兼备。如仿江南私家园林的安澜园、仿杭州西湖汪氏园的小有天园、仿苏州的狮子林、仿西湖风光的平湖秋月，等等。西方古典建筑方面，以洛可可和巴洛克风格为主，如海晏堂、方外观、大水法等（图2-11至图2-14）。

3）承德避暑山庄

（1）建造历史　承德避暑山庄又称热河行宫，位于河北省承德市北部，是清朝皇帝避暑和处理政务的离宫别苑。始建于1703年，历经清康熙、雍正、乾隆三朝，耗时89年建成，总面积约564公顷，建筑物达110余处，是我国现存占地最大的皇家园林，为中国四大名园之一。1994年12月，避暑山庄及周围寺庙（热河行宫）被列入《世界文化遗产名录》。

（2）规划布局　避暑山庄分宫殿区、湖洲区、平原区、山岭区四大部分。整个山庄借助自

上：图 2-11（左）　正大光明景区
　　图 2-12（右）　圆明园方外观遗址
中：图 2-13　圆明园大水法遗址
下：图 2-14　圆明园断桥

然和野趣的风景，形成了东南湖区、西北山区和东北草原的布局，共同构成了中国版图的缩影。山庄整体布局按照"前宫后苑"的规制，巧用地形、因山就势、分区明确、景色丰富。山庄宫殿区布局严谨、建筑朴素，湖洲区具有浓郁的江南情调，平原区宛若大漠塞外景观，山岭区象征北方的泰岱名胜，外八庙结合地形地貌模拟西北、西南边疆地区景观，如众星捧月，环绕山庄，园内外浑然一体的大环境渲染和寓意清王朝国家统一和民族团结的创作意图。

（3）设计手法　避暑山庄继承和发展了中国古典园林"以人为之美入自然，符合自然而又超越自然"的传统造园思想，按照地形地貌特征进行选址和总体设计，完全借助于自然地势，因山就水，顺其自然，同时融南北造园艺术的精华于一身，既有北方园林的恢宏大气，又有江南园林的精巧隽秀，还有少数民族寺庙园林的庄严肃穆（图2-15至图2-18）。

上：图2-15　避暑山庄水心榭
下：图2-16（左上）　避暑山庄烟雨楼
　　图2-17（左下）　避暑山庄秋色
　　图2-18（右）　外八庙

2.2

私家园林

私家园林是与皇家园林相伴而生，由王公贵族、文人士大夫、富贾商人营造，以修身养性、休闲娱乐为主。私家园林通常规模较小，内容朴实，风格清新秀雅，多运用写实与写意相结合的创作手法，蕴含老庄哲学和佛学禅理，深受文学诗词意境和审美情趣的影响。

2.2.1 发展历程

（1）秦汉时期 我国私家园林最早见于历史文献中的是汉代梁孝王的兔园以及茂陵富豪袁广汉的私园。这类私家园林均是仿皇家园林而建，规模较小，内容朴实，以建筑组群结合自然山水，园中的景色还比较粗放。

（2）魏晋南北朝时期 是我国古代园林史上的一个重要转折时期，当时社会动荡，人们对生活感到不安，士大夫知识分子转而逃避现实，隐逸山林，其私家园林受到山水诗文绘画意境的影响，由写实发展到写意，在自然山水基础上稍加经营而成，其中的代表作有西晋石崇的金谷园和南方会稽的谢灵运山居（图2-19）。

（3）唐宋时期 这一时期社会富庶安定，文化得到了很大的发展，诗书画艺术更是达到了巅峰。文人造园更多地将诗情画意融入他们自己的小天地之中，代表作有王维的辋川别业和司马光的独乐园。

图2-19 陈洪绶《金谷园图》 明

（4）明清时期 由于经济的发展，明清时期我国私家造园之风兴盛，私家园林多为城市宅园，面积不大，在小空间里，营造出"一勺则江湖万里"的境界。这时期江南私家园林的造园意境达到了自然美、建筑美、绘画美的有机统一，著名的南方私家园林有无锡的寄畅园、扬州的个园、苏州的拙政园等。北方私家园林则有翠锦园、勺园、半亩园等（图2-20）。

私家园林发展到后期,形成了江南、北方、岭南三大地方风格,分别代表了各地造园艺术的特色。

（1）**江南园林**　通常指江浙一带的文人园林,不拘泥于对称格局,善于叠山理水,尤以太湖石见长,在有限的空间内充分利用"小中见大"的艺术原理,写意地造就出"咫尺山林、多方胜景"的园林杰作（图 2-21）。

图 2-20　扬州个园

图 2-21　扬州个园的四季假山

（2）**北方园林**　多为集中在北京的王府花园,如萃锦园、朗润园。为追求气派、显示政治地位,园林布局运用较多的中轴线和对景线,有很强的整体感,突出了庄重、富丽的格调。叠山用料主要就地取材,以青石和北太湖石为主。植物造景方面,北方以本土生长的暖温带针阔叶树种及观赏植物为主（图 2-22）。

（3）**岭南园林**　主要集中在经济发达的珠江三角洲地区,如顺德的清晖园、东莞的可园、番禺的余荫山房和佛山的梁园。与北方和江南的私家园林相比,岭南园林多是更加小巧的宅园。岭南地处亚热带,植物种类繁多,园林四季花开、终年常绿,再加上装饰华丽的建筑色彩,使其整体更加鲜艳秀丽。由于较早受到西方影响,岭南园林融入了更多西洋造园的艺术和样式（图 2-23、图 2-24）。

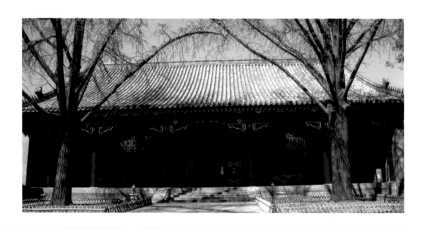

图 2-22　北京恭王府萃锦园

图 2-23　顺德清晖园

图 2-24　东莞可园

2.2.3 名园赏析

1）拙政园

（1）**建造历史**　始建于明正德四年（1509 年），为明代弘治进士、御史王献臣弃官回乡后，在唐代陆龟蒙宅地和元代大弘寺旧址处拓建而成。取晋代文学家潘岳《闲居赋》中"筑室种树，逍遥自得……灌园鬻蔬，以供朝夕之膳……此亦拙者之为政也"句意，将此园命名为拙政园。王献臣在建园之期，曾请吴门画派的代表人物文征明为其设计蓝图，形成以水为主，疏朗平淡，近乎自然风景的园林。拙政园是中国四大名园之一，也是苏州园林中面积最大的古典山水园林，占地 5.2 公顷。现为全国重点文物保护单位，1997 年被联合国教科文组织列为世界文化遗产。

（2）**总体布局**　拙政园共为东、中、西、住宅四部分。住宅是典型的苏州民居，现布置为园林博物馆展厅。东部明快开朗，以平冈远山、松林草坪、竹坞曲水为主。中部为拙政园精华所在，池水面积占 1/3，以水为主，景色主次分明，高低错落有致。西部主体建筑为卅六鸳鸯馆，水池呈曲尺形，台馆分峙、回廊起伏、波光倒影、别有情趣（图 2-25、图 2-26）。

图 2-25　拙政园中的船形建筑香洲

（3）**艺术特点**　以池水为中心，楼阁轩榭建在池的周围，其间有漏窗、回廊相连，园内的山石、古木、绿竹、花卉，构成了一幅幽远宁静的画面。拙政园形成湖、池、涧等不同景区，把风景诗、山水画的意境和自然环境的实境再现于园中，富有诗情画意（图2-27、图2-28）。

2）寄畅园

（1）**建造历史**　寄畅园位于江苏无锡，始建于1506—1512年，占地约1公顷，属于中型别墅私家园林。元代原为佛寺的一部分，明正德年间兵部尚书秦金辟为别墅，初名"风谷行窝"，后取王羲之《兰亭序》"一觞一咏，亦足以畅叙幽情……因寄所托，放浪形骸之外"的文意，更名为"寄畅园"。经秦氏几代人的经营，寄畅园园景益胜，成为闻名天下的江南名园之一。北京颐和园内的谐趣园，圆明园内的廓然大公（后来也称双鹤斋），均为仿寄畅园而建。清咸丰十年（1860年）曾毁于兵火，后经重建和修复，恢复了其全盛时期的园林景观，现为全国重点文物保护单位。

（2）**总体布局**　寄畅园西靠惠山，东南是锡山，园林总体布局抓住这个优越的自然条件，以水面为中心，西、北为假山接惠山余脉，势若相连。东为亭榭曲廊，相互对映。园的面积虽不大，

左：图2-26（上）　拙政园远香堂
　　图2-27（下）　拙政园廊桥——小飞虹
右：图2-28　拙政园与谁同坐轩

但近以惠山为背景，远以东南方锡山龙光塔为借景，近览如深山大泽，远眺山林隐约。山外山，楼外楼，空间序列无穷尽。园内池水、假山就是引惠山的泉水和开采山中的黄石作成，是惠山的自然延伸。所以，该园在借景、选址上都相当成功，处理简洁而效果丰富（图2-29、图2-30）。

（3）**设计手法**　寄畅园以山水的处理及其与植物、建筑的结合最为成功。水面南北纵深，池岸中部突出鹤步滩，上植大树二株，与鹤步滩相对处突出知鱼槛亭，划分水面为二，若断若续。池北又有平桥浅堤，似隔还通，层次丰富。山的轮廓有起伏、有主次。其中部较高，以土为主，两侧较矮，以石为主，土石间栽植藤蔓和树木，配合自然。山虽不高，而山上高大的树木却助长了它的气势。假山间为山涧，引惠山泉水入园，水流婉转跌落，泉声聒耳，空谷回响，如八音齐奏，称八音涧（图2-31、图2-32）。

3）留园

（1）**建造历史**　留园位于苏州阊门外，始建于明代万历二十一年（1593年），原名寒碧山庄，又称刘园。清朝同治十二年（1873年），湖北布政使盛康购得此园，经三年修葺拓建，易名留园。

上：图2-29（左）　寄畅园锦汇漪
　　图2-30（右）　寄畅园嘉树堂
下：图2-31（左）　寄畅园七星桥
　　图2-32（右）　寄畅园知鱼槛

该园是中国四大名园之一，占地2.3公顷。园内建筑布置精巧，厅堂宏敞华丽，花木繁茂，池水明瑟，峰石林立，奇石众多而知名。1961年，留园被公布为第一批全国重点文物保护单位之一。1997年，被联合国教科文组织列为世界文化遗产。

（2）**总体布局与艺术特点**　全园大致可分中、东、西、北四个景区。中部即原寒碧山庄，是全园的精华，以山水为胜。中辟广池，有小蓬莱岛，架曲桥连接两岸。周围环以土质假山和明瑟楼、涵碧山房、闻木樨香轩、可亭、远翠阁、清风池馆等，临水而筑，错落有致。东部以楼台建筑厅院为主，分别以五峰仙馆和林泉耆宿之馆为核心，东西并列、布局紧密。建筑外观富丽堂皇，内部宽敞明亮，装饰与陈设精美。主厅五峰仙馆是江南园林中最大的厅堂，面阔五间，以楠木为柱，俗称"楠木厅"。北院有著名的"留园三峰"——冠云峰、瑞云峰、岫云峰，居中的冠云峰也是北宋花石纲的遗物，高约6.5米，亭亭玉立，是江南最大的湖石，具有"透、漏、瘦"等特点。北部广种桃李竹杏等树木，又一村建有葡萄、紫藤架，其余为盆景园，颇具田园风貌。西部以土山为主，林木幽深，浑然天成，体现山林野趣（图2-33至图2-35）。

4）网师园

（1）**建造历史**　始建于南宋淳熙初年（1174年），名为"渔隐"，经过多次修建，清朝乾隆三十年（1765年），定名为网师园，寓意"江湖渔隐"，并形成现状布局，占地0.6公顷，是

左：图2-33　留园楠木厅
右：图2-34（上）　留园冠云峰
　　图2-35（下）　留园又一村

中国江南古典园林的优秀代表作之一。现为全国重点文物保护单位，1997年被联合国教科文组织列为世界文化遗产。

（2）**总体布局**　网师园分为宅第和园林两部分，是一座典型的江南住宅园林。作为古代苏州世家宅园相连布局的典型，网师园东宅西园，有序结合。以中部山池为中心，由东部住宅区、南部宴乐区、西部殿春簃内园和北部书房区等五部分组成。全园布局外形整齐均衡，内部又因景划区，境界各异（图2-36至图2-38）。

（3）**艺术特点**　全园面积不大，但空间变化丰富而不显局促，主题突出，布局紧凑，成功地运用比例陪衬关系和对比手法，形成丰富的景观层次和无穷的景趣变化。园中部山池区的水面以聚为主，突出主景。池西北石板曲桥，低矮贴水，东南引静桥微微拱露。环池一周叠筑黄石假山高下参差，曲折多变，使池面有水广波延和源头不尽之意。园内建筑造型秀丽，精致小巧，尤其是池周的亭阁，尺度、体量、造型与色彩俱佳，内部家具装饰也精美多致，被誉为苏州园林之"小园极则"。园内山水布置和景点题名都蕴含着浓郁的高士隐逸气息（图2-39、图2-40）。

上：图2-36（左）　网师园殿春簃
　　图2-37（右）　网师园月到风来亭
下：图2-38（左上）　网师园看松读画轩
　　图2-39（左下）　"江南第一门楼"
　　　　　　　　　　——砖雕门楼
　　图2-40（右）　网师园中的引静桥

2.3
寺庙园林

寺庙园林主要是指宗教崇拜场所的附属园林，也包括寺观内部庭院和外围地段的园林化环境，也可泛指那些属于为宗教信仰和意识崇拜服务的建筑群所附设的园林。

2.3.1 发展历程

据考古资料，中国的寺庙起源于 5000 年以前，初期以神祠的形式出现，如红山文化遗址中发现的女神庙。东汉时期，由皇家园林改建而成的洛阳白马寺，成为中国的"第一佛寺"。魏晋南北朝是我国历史上的一个文化大融合时期，宗教思想十分活跃，寺庙的建设非常兴旺，大部分寺庙都建有园林。唐宋时期，佛教、道教、儒教迅速发展，寺庙建筑的布局形式趋于统一，即为"迦蓝七堂式"。此时的寺庙既是举行宗教活动的场所，也是民众交往、娱乐的活动中心。寺庙园林的发展在数量和规模上都十分可观。明清时期，寺庙园林的建设达到高潮。

2.3.2 造园特点

（1）一定的公共服务性 寺庙对广大香客、游人、信徒开放，除了传播宗教以外，还兼具公共游览性质，是古代一种服务于各阶层且具有生态功能的场所。

（2）较稳定的连续性 在园林的寿命上，不同于帝王苑囿常因王朝变更而废毁，也不同于私家园林因家业衰败而败损，寺庙园林具有较强连续性。

（3）更多选址和布局的灵活性 善于因地制宜，就地取材，根据寺庙所处的地貌环境，利用自然景观要素，创造出富有天然情趣和宗教意味的园林景观。

（4）自然和人文景观的融合性 主要依赖自然景貌构景，结合宗教文化，在造园艺术上积累了丰富的处理宗教建筑、场所与自然环境关系的设计手法。

2.3.3 名园赏析

1）晋祠

（1）建造历史 晋祠位于山西太原市悬瓮山麓的晋水之滨，始建于北魏之前，是为了纪念周武王次子叔虞而建。它是集中国古代祭祀建筑、园林、雕塑、壁画、碑刻艺术为一体的珍贵历

史文化遗产，也显示了 7—12 世纪世界建筑、园林、雕刻艺术的辉煌的篇章，现为全国重点文物保护单位。

（2）艺术特点　晋祠背倚悬山，面临汾水，依山就势，以泉渠水系构景。主体建筑在主轴线上有序分布，自东向西依次为水镜台、会仙桥、金人台、对越坊、献殿、鱼沼飞梁和圣母殿；附属建筑依景致之需灵活布列，如祀奉叔虞、关帝、文昌、公输、水母、东岳、三圣等神明的小型祠庙。晋祠的园景有三绝：周柏唐槐、圣母殿彩塑、难老泉；三大国宝建筑：宋代圣母殿、宋代鱼沼飞梁、金代献殿；三大名匾：傅山的"难老"是神奇之笔、杨二酉的"水镜台"是秀丽之笔、高应元的"对越"是雄伟之笔。其人文景观与自然景观各具特色，生动精妙，通过多种造景手法错落交融，为这座园林祠庙建筑群营造出别样意境（图 2-41 至图 2-45）。

　　2）大明寺

（1）建造历史　位于江苏省扬州市蜀冈中峰，是集佛教庙宇、文物古迹和园林风光于一体的游览胜地，因始建于南朝刘宋孝武帝大明年间（457—464 年）而得名。唐天宝元年（公元 742 年），名僧鉴真东渡日本前，即在此传经授戒，该寺因此名闻天下，并有淮东第一观和扬州第一名胜之说。

（2）布局特点　大明寺的总体布局是东寺西园，东为鉴真纪念堂，西为平山堂和西园。东部以规则式布局分东、中、西三院，中院以大雄宝殿为中心，东院为当代著名建筑师梁思成修建的鉴真纪念堂，西院为宋代文学家欧阳修于 1048 年修建的平山堂。西部则为自然式布局的水院——西园。寺内建有天王殿、大雄宝殿、鉴真纪念堂、欧阳祠、谷林堂、平山堂、栖灵塔、卧佛殿、钟楼、鼓楼、西园（康熙碑亭、乾隆碑亭）、天下第五泉等名胜景点（图 2-46 至图 2-49）。

上：图 2-42（左）　晋祠圣母殿
　　图 2-43（右）　晋祠鱼沼飞梁
中：图 2-44　晋祠对越牌坊
下：图 2-45　晋祠水镜台

上：图 2-46　大明寺的入口牌坊和山门
中：图 2-47　大明寺鉴真纪念堂
下：图 2-48（左）　大明寺平山堂
　　图 2-49（右）　大明第五泉

　　世界各国园林，因社会、经济、文化、技术、自然环境以及气候等的差异和影响，表现出随不同历史时期、不同地域而变化的艺术风格。但总体而言，西方古典园林的特点是强调人工美或几何美，讲求几何图案的组织，在明确的轴线引导下进行前后左右对称布置，甚至连花草树木都修剪成各种规整的几何形状。

第3章
外国古典园林赏析
WAIGUO GUDIAN YUANLIN SHANGXI

3.1
古代园林

3.1.1 古埃及园林

1）背景与特征

埃及位于非洲大陆东北角，地跨亚、非两大洲，是欧、亚、非三大洲的交通要冲。埃及南部属热带沙漠气候，干燥少雨，日照强度大，夏季酷热；尼罗河三角洲和北部沿海地区属亚热带地中海气候，相对温和。干燥和温差大的气候特点对古埃及园林的形成及特色影响显著。最早关于古埃及园林的记载可以上溯到约公元前 2700 年的斯内夫卢（Snefrou）统治时期，古王国时期（公元前 2686－前 2160 年）则广泛出现面积狭小、空间封闭的实用园，在新王朝时期之后又出现古埃及游乐性园林。古埃及园林的实物虽已荡然无存，但从流传下来的文字、壁画、雕刻中，仍可以大致了解其特征如下：

①园林多选址建造在临近河流和水渠的地方，园内地形比较平缓，高度差变化较小。

②园林有总体统一的构图，采用几何式布局，强调整体的对称性。

③讲求园林的实用性，注重园林改善小气候环境的功能，利用园林的庇荫作用创造舒适的居住小环境。

④深受宗教思想的影响，以及对生命永恒的追求，产生了相应的圣苑和墓园。

图 3-1　古埃及阿美诺菲斯三世时代陵墓壁画上描绘的奈巴蒙花园

2）主要园林

根据史料记载，古埃及园林大致有宅园、圣苑、墓园三种类型。

（1）宅园　古埃及宅园的建造，在第十八王朝时期（始于公元前 1570 年）出现高潮。阿美诺菲斯三世时代某大臣陵墓壁画上描绘的奈巴蒙（Nebamon）花园，是当时宅园的典型样式（图 3-1）。

（2）圣苑　埃及的历代法老都十分尊崇各种神祇，为此营造了大量圣苑，这时期最著名的是卡纳克阿蒙神庙。神庙始建于公元前 1870 年，大体朝西面对尼罗河，是法老（古埃及国王）们献给太阳神、自然神和月亮神的庙宇建筑群，规模宏大，是世界上最壮观的古建筑物之一，也是埃及最大的神庙。神庙全部用巨石修建，庙门高达 38 米，蔚为壮观；主殿雄伟凝重，面积约 5000 平方米，有 16 行共 134 根巨石圆柱，其中最高的 12 根，每根高在 20 米以上，柱顶可站百人，柱上残留有描述太阳神故事的彩绘；庙内尖顶石碑如林，巨石雕像随处可见；石壁上是古埃及人用象形文字刻写的史迹。神庙布局对称，以建筑为主，配植整齐的棕榈、葵、椰树等。在神庙围院内的圣园园林中，以水为核心，可举行各种宗教仪式。神庙建筑南侧有一个 120 米 ×70 米左右的矩形湖面，史书中常称为圣湖，湖中生长着纸莎草、荷花、睡莲、芦苇等，湖岸四周种植有埃及榕、洋槐、椰枣等树木，湖水及其周围环境形成了优美的园林景观（图 3-2 至图 3-6）。

（3）**墓园**　古埃及宗教信奉人死后的西方极乐世界，许多壁画刻画了陵墓的园林景观，描绘人神交往的情景。法老及贵族们都为自己建造巨大而显赫的金字塔作陵墓，金字塔四周布置规则对称的林木，中轴为笔直的祭道，控制两侧均衡，塔前留有广场，与正门对应，营造庄严肃穆的气氛（图 3-7）。

左：图 3-2（上）　卡纳克阿蒙神庙鸟瞰图　　　　　　　　右：图 3-4（上）　卡纳克阿蒙神庙列柱大厅
　　图 3-3（下）　卡纳克阿蒙神庙斯芬克斯大道和神庙入口塔门遗迹　　　图 3-5（下）　卡纳克阿蒙神庙方尖碑

图 3-6　卡纳克阿蒙神庙圣湖遗迹　　　　　　　　　　　　　　　图 3-7　狮身人面像与卡拉夫王金字塔

3.1.2 古巴比伦园林

1）背景与特征

古巴比伦王国位于底格里斯河和幼发拉底河两河流域之间的美索不达米亚平原上，古巴比伦文化是两河流域的文化产物。在河流形成的冲积平原上，由于西南季风的扩张和季风雨的影响，气候温和湿润，形成肥沃的绿洲，适合林木和农作物的生长。古巴比伦王国从公元前3000－前300年的两千多年间，经历了多次的分裂、统一、解体、兴盛，但设在幼发拉底河下游的都城巴比伦城，一直是两河流域的文化与商业中心，这里建造了华丽的宫殿、庙宇、高大的城墙及园林。巴比伦园林包括亚述及迦勒底王国时期在美索不达米亚地区所建造的园林，他们基本上保留和继承了巴比伦文化，具有以下特征：

①园林的选址受到自然条件、宗教思想和生活习俗等因素的影响。两河流域多为平原地带，因此人们十分热衷于在园内堆叠土山。高地上建造神殿、祭坛等建筑，既能突出主景，又能防御洪水猛兽的威胁。

②古巴比伦对树木同样有极高的崇敬之情。在神庙周围，常常建有圣苑，树木呈行列式种植，营造出幽邃、肃穆的环境氛围。

③宫苑和宅园最显著的特点就是采取类似现代屋顶花园的结构和形式，建造在数层平台上的空中花园与建筑完美结合，融为一体。

2）主要园林

古巴比伦园林主要包括猎苑、圣苑和宫苑三大类，猎苑是进入农业社会之后人们为了怀念渔猎时期生活而设的园林；圣苑与古埃及十分相似，以神庙和大庙塔等形式存在；最能体现古巴比伦特色的是宫苑。宫苑的代表作"空中花园"，又称"悬园"，被誉为古代世界七大奇迹之一。该园建于公元前6世纪，遗址在现伊拉克巴格达城的郊区，是新巴比伦国王尼布甲尼撒二世为其王妃建造。

空中花园并非悬在空中，而是构筑在人工土石之上，具有居住、娱乐功能的园林建筑群。设计师采用叠园手法，每一台层的外部边缘都有石砌的、带有拱券的外廊，其内有房间、洞府、浴室等，

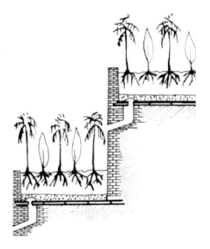

左：图3-8　空中花园复原想象（J. Beale 绘）
右：图3-9　古巴比伦空中花园供水灌溉系统示意图

台层上覆土种植树木花草，并埋设灌溉用的水源和水管，营造喷泉和跌水景观。据推测种植土层由重叠的芦苇、砖、铅皮和泥组成，以利于灌溉、防渗和排水。覆土砖石台体和树木花草层叠而上，远远望去，如悬于空中，"空中花园"由此得名（图3-8、图3-9）。

3.1.3 古希腊园林

1）背景与特征

古希腊位于欧洲大陆东南部的希腊半岛，包括地中海东部爱琴海诸岛，以及北面的马其顿和色雷斯、亚平宁半岛和小亚细亚西部的沿海地区。全境多山，海岸曲折。公元前5世纪，古希腊在希波战争中获胜，从波斯学到西亚的造园艺术，把实用性的果蔬园进一步发展成花木装饰性庭院。在祭祀仪式中，雅典的妇女在屋顶设立供奉祭拜神灵的神龛，周围环以土钵，钵中种的是发了芽的莴苣、茴香、大麦、小麦等，后来这种祭祀活动逐步演变成在屋顶上的庭园形式。古希腊的园林布局采用规整的几何形式，是西方规则式园林的基础，具有以下特征：

①古希腊把美学定义为有规律、有秩序、比例协调的整体，园林作为建筑物在空间上的延续，在构图上应与整体布局相协调。

②园林类型和形式多样，除了宫廷庭园和宅园之外，还出现了为公众开放和使用的公共园林。

③园林要素包括雕塑、饰瓶、大理石喷泉、花钵、迷宫等，且园林植物丰富。

2）主要园林

圣林是古希腊最主要的公共园林类型，由神庙及建筑群和周围树木组成，是建筑与园林的综合体。古希腊最著名的圣地有奥林匹亚宙斯圣地、德尔斐阿波罗圣地以及雅典卫城。在阿波罗神殿周围有60~100米宽的空地，即当年圣林的遗址。在奥林匹亚的宙斯神庙旁的圣林中还设置了小型祭坛、雕像、瓶饰、石瓮等，人们称之为"青铜、大理石雕塑的圣林"（图3-10至图3-12）。另外，竞技场也是古希腊人生活中的重要场所，且常常依附于圣地和圣林，奥林匹亚宙斯圣地和德尔斐阿波罗圣地都附有竞技场。德尔斐城阿波罗神殿旁的体育场，建造在两层台地之上，上层为练习场，有多层边墙，起挡土的作用，下层为游泳池，周围有带顶盖的柱廊，可供运动员休息，并根据地形设置了条形看台（图3-13、图3-14）。

上：图3-10（左）　奥林匹亚圣地遗址
　　图3-11（右）　德尔斐阿波罗圣地和古希腊剧场遗址
中：图3-12　雅典卫城与帕台农神庙
下：图3-13（左）　奥林匹亚竞技场的入场门
　　图3-14（右）　德尔斐竞技场

1）背景与特征

古罗马北起亚平宁山脉，南至意大利半岛南端，境内多丘陵山地。冬季温暖湿润，夏季高温炎热，这种地理气候条件对园林的选址、布局以及园林的风格均有一定影响。古罗马在继承希腊的建筑、雕塑和园林艺术的基础上，进一步发展了古希腊园林文化，具有以下特征：

①以实用性为主要目的。包括果园、菜园和香料、调料种植园地，后期借鉴并提升古希腊园林艺术，逐渐加强园林的观赏性、装饰性和娱乐性。

②多位于山地高处。由于罗马城建在山坡上，夏季坡地气候凉爽，风景宜人，视野开阔，促使古罗马园林多选择山地，辟台造园，奠定了文艺复兴时期意大利台地园的基础。

③布局为规则式。罗马人把花园视为宫殿、住宅的延伸，同时受古希腊园林规则式布局影响，因而在规划上采用类似建筑的设计方式，地形处理上也是将自然坡地切成规整的台层，园内的水体、园路、花坛、行道树、绿篱等都有几何外形，无不展现出井然有序的人工艺术魅力。

④重视园林植物造型。把植物修剪成各种几何形体、文字和动物图案，称为绿色雕塑或植物雕塑，黄杨、紫杉和柏树是常用的造型树木。花卉种植形式有花台、花池、蔷薇园、杜鹃园、鸢尾园、牡丹园等专类植物园。另外还有"迷园"，迷园图案设计复杂，迂回曲折，扑朔迷离，娱乐性强，后来在欧洲园林中很流行。

⑤盛行雕塑作品。从雕刻栏杆、桌椅、柱廊到墙上浮雕、圆雕，为园林增添艺术魅力。

2）主要园林

古罗马园林可以分为宫苑园林、别墅庄园园林、中庭式庭园（柱廊式）园林和公共园林四种类型，其中以哈德良皇帝（Publius Aelius Hadrianus，在位于117-138年）的山庄保存相对完整，最具影响力。哈德良山庄占地18公顷，位于两条狭窄的山谷间，地形起伏较大。山庄的总体布局随山就势，中心区为规则式布局，其他区域如图书馆、画廊、艺术宫、剧场、庙宇、浴室、竞技场、游泳池等建筑因地制宜，布局灵活。园林部分富于变化，既有附属于建筑的规则式庭园、中庭柱廊园，也有布置在建筑周围的花园。花园中央有水池，周围点缀着大量的凉亭、花架、柱廊、雕塑等，富有古希腊园林艺术风味。园中水景形式多样，有溪、河、湖、池及喷泉等，布局灵活。

如园中有一半圆形餐厅，位于柱廊的尽头，厅内布置了长桌及榻，有浅水槽通至厅内，槽内的流水可使空气凉爽，酒杯、菜盘也可顺水槽流动，夏季还有水帘从餐厅上方悬垂而下。园内还有一座建在小岛上的海上剧场，岛中心有亭、喷泉，周围是花坛，岛的周边以柱廊环绕，有小桥与陆地相连。在宫殿建筑群背后，面对着山谷和平原，延伸出一系列大平台，设有柱廊及大理石水池，形成极好的观景台。在山庄南面的山谷中，有称为坎努帕斯（The Canopus）的景点，是哈德良举办宴会的场所（图3-15至图3-19）。

图3-15 哈德良山庄遗址鸟瞰

上：图 3-16　哈德良山庄坎努帕斯运河与北部柱廊
中：图 3-17（左）　哈德良山庄坎努帕斯运河与塞拉皮雍神庙
　　图 3-18（右）　哈德良山庄埃夫里普矩形大水池
下：图 3-19　哈德良山庄海上剧场

3.2.1 发展背景

　　意大利独特的自然条件、地理环境和气候特征是台地园形成的重要原因。意大利位于欧洲南部的亚平宁半岛上，境内山地和丘陵占国土面积的 80%。其地处亚热带地中海气候，冬季温暖多雨，夏季凉爽少云，四季温度适中，温差较小。温和的气候加上社会的安定和经济的繁荣，吸引了大量的贵族、大主教、商业资本家在此修建华丽的住宅，在郊外经营别墅作为休闲的场所，意大利造园由此出现了适应山地、丘陵地形的独特的台地布局方式。

　　意大利台地园在继承西方古典园林的基础上，通过丰富台层、形成中轴、加深自然过渡等方法形成了欧洲园林发展的基础布局，其利用的景观元素也是欧洲园林发展的源头。随着历史的发展，意大利台地园保持特色的同时，在内容和形式上也有一定程度的演变。文艺复兴初期，庄园多建在佛罗伦萨郊外风景秀丽的丘陵坡地上，地址选择十分注重周围的环境，一般要求有可以远眺的前景。园地顺山势辟成多个台层，各个台层相对独立。建筑物往往位于最高层以借景园外，建筑风格尚保留一些中世纪的痕迹，如菲耶索勒的美第奇庄园。到了 16 世纪后半叶，庄园多选择建在郊外的山坡上，依山就势辟成若干台层，园林布局严谨，有明确的中轴线贯穿全园，景物对称布置在中轴线两侧。各台层上常用多种理水形式，或理水与雕像相结合作为局部的中心。建筑有时也作为全园主景而置于最高处，理水技术成熟，植物造景日趋复杂，如法尔奈斯庄园、埃斯特庄园、兰特庄园、卡斯特罗庄园。16 世纪末至 17 世纪，欧洲的建筑艺术进入巴洛克时期，园林艺术也出现追求新奇、表现手法夸张的倾向，在布局上也完全打破了文艺复兴时期的样式，在空间上延伸得越来越远，轴线从人工向自然过渡，其末端渐渐融合在大自然之中，如加尔佐尼别墅、阿尔多布兰迪尼庄园、伊索拉·贝拉庄园。

3.2.2 造园特点

　　（1）强调园林的使用功能　园林作为建筑的室外延续部分，应首先满足适宜居住的环境要求。

　　（2）布局呈几何形　台地园的设计将平面与立面结合起来考虑，台层间的高度差起伏越大，更利于创造出动人的景观效果。布局通常是轴线对称的几何形，轴线上的景点与台层相结合，具有多层次的变化。

　　（3）理水手法丰富，充分展现水的动态效果　于高处汇聚水源作为贮水池，然后顺坡势往下引注成为水瀑、平潭或水梯，下层台地则利用水落差的压力做出各式喷泉，最低一层平台汇聚为水池。注重水景在明暗与色彩上的对比，营造水景的光影与音响效果。

（4）**园林小品丰富**　园林小品既是功能上所需的构筑物，又是艺术水平很高的美化园林的装饰品，成为台地园的重要组成部分。

3.2.3 名园赏析

1）埃斯特庄园（Villa D'Este,Tivoli）

埃斯特庄园是意大利保存最完整、最著名的文艺复兴时期的代表作，是典型的台地园。它位于罗马东部的蒂沃利镇附近，坐落在朝向西北的陡峭山坡上，全园面积4.5公顷，园地近似方形。庄园建于1549—1565年，由红衣主教伊波利托·埃斯特委托利戈里奥将他的府邸改建而成。

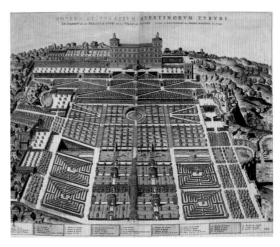

图3-20　埃斯特庄园的鸟瞰版画

全园分为6个台层，上下高差近50米。入口设在底层，被园路分割为8个部分。两边的四块是阔叶树丛，中间四块布置为绿丛植坛，中央设有圆形喷泉，底层花园中还有著名的水风琴。第二层中心为椭圆形的龙泉池，第三层为著名的百泉谷，并依山就势建造了水剧场。庄园的最高层是在府第前约12米宽的台层，可俯瞰全园景观（图3-20）。

埃斯特庄园以其突出的中轴线，加强了全园的统一感。在中轴垂直平行线组上，每条轴线的端点与轴线的节点上，均衡地分布着亭台、游廊、雕塑、喷泉等各式景观（图3-21、图3-22）。但庄园尽管有规则的几何图形，却因地形的繁复不能一眼望穿，每一个节点都有令人惊叹的景色。水法的运用是埃斯特庄园最突出的特点，其丰富多彩的水景和音响效果堪称绝妙。有宁静的水池，

图3-21　埃斯特庄园横轴矩形水池

图3-22　埃斯特庄园水风琴

有跌水共鸣的水风琴，有奔腾而下的瀑布，有高耸的喷泉，有交响乐般气势恢宏的水剧场，有动静结合的各式水景，在园中形成一曲完美的水的乐章。园内没有鲜艳的色彩，全园笼罩在绿色植物中，也给各种水景和精美的雕塑营造了背景，给人留下极为深刻的印象（图3-23、图3-24）。

图3-23 埃斯特庄园百泉台　　　　　　　　　　　图3-24 埃斯特庄园水剧场

2）法尔奈斯庄园（Villa Palazzina Farnese,Caprarola）

法尔奈斯庄园是文艺复兴时期的三大庄园之一，位于罗马以北70公里的卡普拉罗拉镇上，大约建造于1547年，是红衣大主教亚历山德罗·法尔奈斯委托建筑师吉阿柯莫·维尼奥拉为他的家族建造的。

庄园府邸建于1547－1558年，其城堡般的外观，使其成为文艺复兴时期杰出的建筑之一。通过狭窄壕沟上的小桥有两个与大楼相连的花园：V字形花园、法尔奈斯主花园。从主楼出发，穿过幽静的林荫道，来到主花园的入口，意大利台地园标志之一的链式水体跃入眼帘。第二层迎宾前庭椭圆形广场，以河神为主体的雕塑喷泉，是文艺复兴雕塑艺术的完美呈现。第三层台地花园上的小楼是教宗精修的住所，法尔奈斯主花园就是以小楼的中轴线来控制各级台地、层层递进、贯穿全园。花园的后部是规整、对称的台地草坪，其中轴线上有一个镶嵌着精美的雨花石图案的园路和简洁的水盘，台地草坪的挡土墙也由精美的石质雕刻装饰着，中轴终点是由自然植被围合的一组半圆形的凯旋门式石碑廊柱（图3-25至图3-29）。

法尔奈斯庄园采用贯穿全园的中轴线，将各个台层联系起来。庭园建筑设在较高的台层，便于借景园外。台层之间的联系精心处理，平面和空间上的衔接自然巧妙。园中精美的雕刻既丰富了构图，又活跃了气氛，同时也使得花园更加精致，实用与美观恰当地结合为一体。

3）兰特庄园（Villa Lante,Bagnaia）

兰特庄园位于罗马西北的巴涅亚小镇，地处高爽干燥的丘陵地带。1560－1580年著名的建筑家、造园大师维尼奥拉为红衣主教甘巴拉设计修建该庄园，后来因庄园租给兰特家族而得名。

维尼奥拉的建筑师背景，使兰特庄园从空间尺度和整体布局上看，其主体建筑、水体、小品、道路系统到植物种植，都充满了文艺复兴时期典型的均衡、大度和巴洛克式的夸张气息。它的园

林布局呈中轴对称、均衡稳定、主次分明，各层次间变化生动，又通过恰到好处的比例掌控，形成了一个和谐的整体。

庄园建造在朝北的缓坡上，占地 1.85 公顷，全园高度差近 5 米，设有 4 个台层：平台规整的模纹花坛、主体建筑、圆形喷泉广场、观景台（至高点）。兰特庄园以水景序列构成中轴线上的焦点，维尼奥拉对丘陵地带变化丰富的地形进行了灵活巧妙的利用，在三层平台的圆形喷泉后，用一条华丽的链式水系穿越绿色坡地，使得渐行渐高的园林中轴终点落在了整个庄园的至高点上，并在此修筑亭台方便从这儿俯瞰庄园全景。在新奇和不断变化的景致中，理水的高超技巧和精美的雕塑艺术完美地体现出巴洛克美感（图 3-30 至图 3-34）。

除了台地、理水和雕塑外，兰特庄园的植物种植也颇具特色。它从最典型的欧式园林风格——修剪整齐的小灌木模纹花坛开始，随着层次的变化，植物渐渐地有了自然的形态，而到了至高点以充满野趣的园林森林的环绕结束，实现了完全的人工向自然的过渡，是意大利古典园林中难得一见的人类意识向自然融合的表现。

上：图 3-30（左）　兰特山庄实景鸟瞰图
　　图 3-31（右上）　兰特山庄一、二层平台
　　图 3-32（右下）　兰特山庄河神雕像与喷泉
下：图 3-33（左）　兰特山庄餐园
　　图 3-34（右）　兰特山庄中轴水阶梯

法国古典主义园林

3.3.1 发展背景

法国位于欧洲大陆的西部，国土总面积约 55 万平方公里，为西欧面积最大的国家。其平面呈六边形，三边临海，三边靠陆地，大部分为平原地区。由于它位于中纬度地区，气候温和，雨量适中，呈明显的海洋性气候。这样独特的地理位置和气候，不但丰富了造园素材，而且影响了园林风格的形成。

法国古典主义园林在最初的巴洛克时代奠定了基础，路易十四时代，由勒·诺特进行尝试并形成恢宏华丽的独特风格。最后在 18 世纪初，由勒·诺特的弟子勒布隆协助阿尔让韦尔完成了著作《造园理论与实践》，标志着法国古典主义园林艺术理论的完全建立。

3.3.2 造园特点

①严谨的结构塑造完美的比例关系。深受几何学和文艺复兴透视法影响的法国古典主义园林力求展现人工之美、结构和比例的协调、形式的简洁，所有的要素均服从于整体的几何关系和秩序。

②以中轴线统一全园，构筑整体构图。法国古典主义园林最成功之处就在于运用恢宏的中轴线，将造园要素统一于轴线两侧，形成主次分明、条理清晰、空间有序的几何网络，进而达到整体布局。总体布局属于平面图案式，展现平面的铺展感，善于运用宽阔的园路形成贯通的透视线，通过设置水渠塑造气势恢宏的园景。

③塑形修剪植物，增强统一性。列植于中轴线两侧的植物，被修剪成几何形体，用于塑造几何化的空间结构，以丰富和弥补平面轴线空间。花坛成为重要的构成要素，常用的有刺绣花坛、组合花坛、英国式花坛、分区花坛、柑桔花坛和水花坛。

④园林中以静水为主要水面景观，点缀喷泉、跌水或瀑布，以平静开阔见长，表现出庄重典雅的气氛。喷泉往往与雕塑相结合，布置于节点上，起到移步换景的效果。

3.3.3 名园赏析

1）沃勒维贡特庄园（Vaux le Vicomte）

沃勒维贡特庄园位于巴黎以南约 55 公里，始建于 1656 年，占地达 72 公顷。该园是路易十三、十四的财政大臣福凯的私人别墅园，由建筑师勒沃设计府邸，皇家绘画雕塑学院院长勒布朗负责室内外装饰及雕塑设计，勒·诺特负责园林设计。勒·诺特采用严格的中轴线规划，以中轴线为中心对称布置景物，简洁突出，秩序严谨，主从分明，园林布局表现皇权至上的主题思想。沃勒维贡特庄园是勒·诺特的代表作之一，标志着法国古典主义园林艺术走向成熟。

花园在中轴上分成三个段落，各具鲜明的特色，既统一又富于变化。第一段围绕府邸，以刺绣花坛为主，强调人工装饰性；第二段以草坪花坛结合水景，重点是喷泉和水镜面等水景；第三段以树林草地为主，点缀喷泉与雕像，自然情趣浓郁，使花园得以延伸。

园林空间划分和各个花园的变化统一，精确得当，成为不可分割的整体。造园要素井然有序，避免互相冲突与干扰。刺绣花坛占地很大，配以富丽堂皇的喷泉在中轴上具有主导作用。地形处理得当，形成不易察觉的变化。水景起着联系与贯穿全园的作用，并在中轴上依次展开。围绕花园的绿墙布置得美观大方，序列、尺度、规则等时代特征经勒·诺特的处理达到难以逾越的高度（图3-35 至图 3-39 ）。

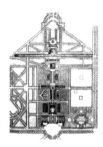

上：图 3-35（左） 沃勒维贡特庄园平面图
　　图 3-36（右） 沃勒维贡特庄园鸟瞰图
中：图 3-37 中轴线远眺庄园
下：图 3-38（左） 沃勒维贡特庄园府邸与刺绣花坛
　　图 3-39（右） 沃勒维贡特庄园花坛的装饰瓶瓮

2）凡尔赛宫（Versailles）

凡尔赛宫位于巴黎西南23公里处，是欧洲最大的王宫，是法国古典园林的杰出代表。原为国王猎庄，路易十三时期建造了一个小城堡，1662年，路易十四时期动工扩建，路易十五时期完工。在保留小城堡的前提下建筑了规模庞大的包括城堡、宫廷、花园在内的王宫。三条放射形大道在感观上使凡尔赛宫宛如整个巴黎乃至整个法国的集中点，体现了当时法国的中央集权和绝对君权观。1979年，联合国教科文组织将凡尔赛宫和园林列入《世界遗产名录》。

凡尔赛宫苑是世界上最大的宫廷园林，由园林大师勒·诺特设计。园林占地6.7平方公里，纵轴长3公里，从东向西分为三个区域，分别是花园、小林园和大林园。凡尔赛宫及其园林的中轴线上是两座著名的泉池：拉通娜泉池和阿波罗泉池。国王林荫道的西端便是阿波罗泉池，近似卵形的池中，阿波罗驾着巡天车迎着朝阳破水而出的雕像栩栩如生（图3-40至图3-44）。

上：图3-40（左）　凡尔赛宫总平面图
　　图3-41（右）　凡尔赛宫殿前的雕像
下：图3-42　凡尔赛宫景观中轴上的拉通娜喷泉与王室林荫大道

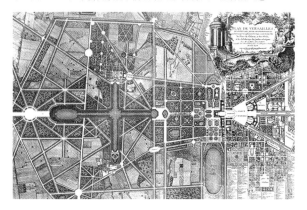

园内道路、树木、水池、亭台、花圃、喷泉等均呈几何图形，有统一的主轴、次轴、对景，构筑整齐划一，透溢出浓厚的人工修凿的痕迹，亦体现出路易十四对君主政权和秩序的追求和规范。园中道路宽敞，绿树成荫，草坪树木修剪得整整齐齐，喷泉随处可见，雕塑题材多为美丽的神话或传说。园林里有呈十字交叉的大小运河为皇家花园增添了几分自然氛围（图3-45、图3-46）。

上：图3-43 凡尔赛宫拉通娜泉池
中：图3-44（左） 凡尔赛宫阿波罗神泉池
　　图3-45（右） 凡尔赛宫金字塔泉池
下：图3-46 柑橘园花坛与瑞士人湖

3.4
英国自然风景园

3.4.1 发展背景

　　英国位于欧洲大陆西北面的不列颠群岛，国土面积为24.4万平方公里，主体由英格兰、威尔士、苏格兰、北爱尔兰四部分组成。英国属于温带海洋性气候，冬季温暖，夏季凉爽，全年温暖湿润，土地肥沃，花草树木种类繁多，栽培容易，故英国园林大多数以植物为主题。18世纪上半叶，英国出现了自然风景式的花园，完全改变了规则式花园的布局，这一改变在西方园林发展史上具有革命性的影响作用，引领了欧洲不规则式造园的新趋势。自然风景园林的风格是追求自由、回归自然，造园借助自然的形式美，以崭新的视角，重新审视人与自然的关系，加深人们对自然美的认识，实现自然要素美化自然本身的理念。

3.4.2 造园特点

　　英国风景园的特点是形式自由、手法简练、内容简朴、体现自然，园林中有自然的水池，有起伏的草地，在大草地之中的孤植树、树丛、树群均可成为园林的一景。道路、湖岸、林缘线多采用自然圆滑曲线，追求"田园野趣"，小路多不铺装，任游人在草地上漫步或运动。善于运用风景透视线，采用"对景""借景"手法，对人工痕迹和园林界墙，均以自然式处理隐蔽。从建筑到自然风景，采用由规则向自然过渡的手法，尽可能避免直线条、几何形状及中轴对称等规则形式。植物采用自然式种植，种类繁多，色彩丰富，常以花卉为主题，并注意小建筑的点缀装饰。

3.4.3 名园赏析

1）查兹沃斯园（Chatsworth Park）

　　查兹沃斯园是世袭德文郡公爵的豪宅，位于德比郡层峦起伏的山丘上，占地42公顷。庄园始建于1552年，在15—19世纪的400多年中，经过许多著名园艺师的精心设计和建造，查兹沃斯园成为英国最美的庄园之一，是英国文化遗产的一个重要部分。

　　17世纪时，受法国勒·诺特式园林风格的影响，查兹沃斯园成为典型的规则式园林，有明显的中轴线，侧面为坡地，布置了坡地花坛、温室、泉池、整形的绿篱。18世纪中叶，英国著名的造园师布朗对庄园进行了改造，利用自然地形的起伏，模仿自然景色的园林风格，用开阔的草坪、连绵的小丘、曲折的山路、溪流和池塘，布置成景色富于变化的自然风景式园林（图3-47至图3-50）。

上：图 3-47　查兹沃斯园远眺
中：图 3-48　查兹沃斯园中的小桥流水
下：图 3-49（左）　查兹沃斯园中的瀑布
　　图 3-50（右）　查兹沃斯园中的迷园

2）布伦海姆园（Blenheim Palace Park）

布伦海姆园也叫"丘吉尔庄园"，位于牛津郡伍德斯托克镇的布伦海姆村，英国著名政治家温斯顿·丘吉尔便诞生于此，1988年被列为世界文化遗产。在1704年的战役中，马尔巴罗公爵一世——约翰·丘吉尔在这里大败法军，并建立了这座宫殿。布伦海姆园是英国最大的私人宅院，庄园始建于1705年，园内设有庭院、花坛、露台、湖泊和喷泉等。最初由亨利·怀斯设计，仍采用勒·诺特式造园风格。1764年布朗对庄园进行了改造，他追求广阔的风景构图，强调风景式园林与周围环境的协调融合，以开阔舒缓的疏林草地，蜿蜒曲折的湖泊、自然优美的驳岸展现风景式园林的特色（图3-51至图3-54）。

上：图3-51（左）　布伦海姆园鸟瞰
　　图3-52（右）　布伦海姆园中的水景花园
下：图3-53（左）　布伦海姆园中的帕拉第奥式桥
　　图3-54（右）　布伦海姆园的南面草坪

第4章
中国现代园林赏析
ZHONGGUO XIANDAI YUANLIN SHANGXI

4.1
城市公园

4.1.1 广州云台花园

建成于 1995 年，占地 12 公顷

（1）**空间布局**　花园以入口广场、飞瀑流彩和滟湖为中心，东西两侧分别布置谊园雕塑景区、醉华苑景区和大温室景区，滟湖北部为玫瑰园和岩石园景区。空间布局为规则式和自然式相混合，中心轴为意大利台地园的规则布局，轴线节点由入口广场、飞瀑流彩、喷泉广场、滟湖和罗马柱廊组成，其他景区为自然式布局（图 4-1）。

（2）**地形地貌**　云台花园是巧用现状地形的典范之作。中轴线是由南向北逐渐抬升的山坳地带，不同高程的台地分别为入口广场和喷泉广场；斜坡升高部分为飞瀑流彩，水流顺势而下；轴线顶端的凹地为几条自然山谷汇集而成的滟湖。轴线两侧的凸地分别布置大型雕塑"谊园"和大型建筑物"大温室"；西北部次一级的山谷地为围合式布局的醉华苑景区（图 4-2 至图 4-5）。

上：图 4-1（左）　云台花园总平面图
　　图 4-2（右上）　山谷、山坳——顺势而建的飞瀑流彩景区
　　图 4-3（右下）　凹地——滟湖景区
下：图 4-4（左）　凸地——大温室景区
　　图 4-5（右）　醉华苑景区

図 4-6　植物种植注重形态、色彩与地形、建筑的对比和呼应

（3）种植设计　植物选择突出形态、色彩特性，注重与地形、建筑物形态相呼应。中轴线两侧植物配植以疏林草地、花坛、花境、花钵以及长带状缀花草坪等类型为主；溪谷区以水生草本植物、矮灌木与耐水湿的开花乔木形成自然花溪景观；背景林则以深绿色南洋杉和常绿阔叶树密林为主，与白云山山林逐渐融为一体（图 4-6）。

4.1.2 成都活水公园

建于 1997－1998 年，占地 2.4 公顷，设计者：贝特西·达蒙

（1）设计主题　成都活水公园是一个以水的复活为主题的生态环保公园，先由泵站抽取低于 V 类水质标准的府南河水，注入 400 立方米的厌氧沉淀池，经过沉淀后的水依次流经水流雕塑、兼氧池、植物塘、植物床、养鱼塘、氧化沟等水净化系统，使之由浊变清，最终重返府南河。生态净水和带状公园合二为一，主题鲜明（图 4-7、图 4-8）。

图 4-7　活水公园总平面图

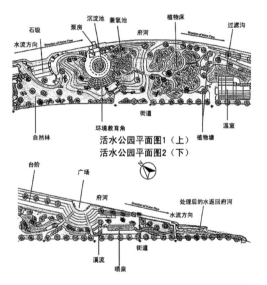

图 4-8　活水公园鸟瞰图

上：图 4-9　水阶梯式石雕
下：图 4-10（左）　形如钙华池的植物塘
　　图 4-11（右）　植物兼具净污与观赏功能

（2）**文化寓意**　公园整体设计成鱼状，寓意人与水、人与自然鱼水难分之情。造园艺术沿着净水的生态过程铺开：在府南河取水处象征性地设置了两台木制水车和仿古的民居吊脚楼，作为公园标志性建筑，游人可在楼内喝茶并观赏公园全景。厌氧沉淀池处于鱼眼位置，池中有一组石雕和喷泉，石雕的造型是一滴水在高倍显微镜下的景象。系统中池、塘、床的联接采用水流雕塑，使水流摇摆、激荡既达到曝气的目的又具有形式美感。人工湿地系统的核心部分——植物塘、植物床群设置在鱼的腹部，其造型仿照四川黄龙五彩钙华池群。池间架设有乡土味的木栈桥，3 个养鱼塘、供亲水活动的喷泉和戏水池位于鱼的尾部（图 4-9、图 4-10）。

（3）**植物功能**　植物塘、植物床群种植的浮水植物（如浮萍、紫萍、凤眼莲、睡莲）、挺水植物（如芦苇、水烛、茭白、伞草）、沉水植物（如金鱼藻、黑藻）等，与各种鱼类、昆虫和两栖动物等构成良性的湿地生态系统，既具有较强净化水质的能力，又有观赏价值（图 4-11）。

4.1.3 北京皇城根遗址公园

修建于 2001 年，占地 7.5 公顷

（1）**构思立意**　注重历史文化内涵的挖掘，同时把握时代精神和以人为本的原则。以"绿色、人文"为主题，通过塑造"梅兰春雨""御泉夏爽""银枫秋色""松竹冬翠"四季景观，复原小段城墙、展示皇城墙基、点缀雕塑小品及借景等手法体现历史的衍变，在繁华的闹市营造精致、古朴的城市环境（图 4-12、图 4-13）。

（2）**设计手法**　色彩上用红、黄、白、灰作为公园基调色，如园林小品、铺地、植物色彩、

灯光色彩和喷泉底色等色彩，让人联想到皇城的文脉。皇城原有的御河在设计中用点线结合的水溪、涌泉、GLC材料翻制成水纹图案以及用土红色和黄色做成装饰带来象征皇城水（图4-14）。

（3）**文化寓意** 为展示皇城墙遗迹，专门在公园北端旧址处复建了一小段城墙，并选取东安门、中法大学、北大红楼、南端点、北端点等节点，挖掘、展示地下墙基遗存，建设自然景观并配以雕塑和浮雕，使北京古城的概括形象更加完整。如在公园内兴建的"对弈""时空对话""露珠""掀开历史新的一页"等数十座雕塑、浮雕等景观，宛若一幅幅打开的北京历史民俗风景画（图4-15、图4-16）。

上：图4-12（左上） 入口之一
　　图4-13（右） 入口之二
　　图4-14（左下） 遗址展示
下：图4-15（左） 雕塑之一
　　图4-16（右） 雕塑之二

建成于 2001 年，占地 11 公顷

（1）**构思立意**　以产业历史地段的再利用为主旨，对工业设施及自然环境在保留、更新和再利用的基础上，通过创新设计来强化场地作为特定文化载体的意义，并通过视觉与空间的体验传达足下文化和野草之美。足下文化指一个普通造船厂所代表的那片土地、那个时代、那群人的文化；野草之美指那些被遗忘、被鄙视、被践踏的野草所蕴含的新的价值观和审美观，并以此唤起人们对自然的尊重（图 4-17、图 4-18）。

（2）**设计特色**　首先是自然系统和旧址元素的保留，水体和部分驳岸都基本保留原貌形态，全部古树都保留原处。其次是构筑物的保留，两个反映不同时代的钢结构和水泥框架船坞、一个红砖烟囱、两个水塔都就地保留，并结合在场地设计之中。第三是机器的保留，大型的龙门吊和变压器，许多机器被巧妙应用在场地设计之中，成为丰富场所体验的重要景观元素（图 4-19、图 4-20）。

上：图 4-17（左）　岐江公园总平面图
　　图 4-18（右）　岐江公园鸟瞰图
下：图 4-19（左）　钢结构船坞的保留
　　图 4-20（右）　厂房保留改造成公园服务设施

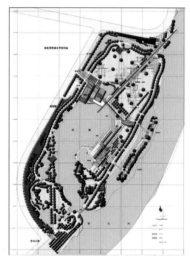

（3）**设计方法** 原有场地所反映的当代人的工作、生活、审美和价值取向与现代相比有一定差异，通过增减与再现设计能更艺术化地再现原址的生活和工作情景，更戏剧化地讲述当时的故事，更诗化地揭示场所的精神。加法设计包括琥珀水塔、烟囱、龙门吊和船坞设计，减法设计包括骨骼水塔和机器肢体设计等，再现设计包括白色柱阵、锈钢铺地、方石雾泉、直线路网、红色记忆景观盒、绿房子设计等（图4-21 至图4-25）。

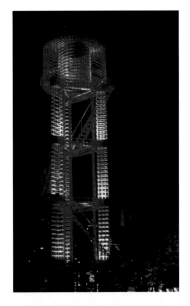

上：图4-21　水塔的保留和改造
中：图4-22（左）　旧机器与场地结合的再设计
　　图4-23（右）　绿篱、白色柱阵、铁轨相结合的再设计
下：图4-24（左）　旧材料（锈钢）再利用
　　图4-25（右）　红房子作为视觉焦点

4.1.5 厦门海湾公园

建成于 2005 年，占地 20 公顷

（1）**构思立意**　以海洋为载体，运用隐喻和对比手法，将大海的力量、神秘、温情、奔放、包容等意象融入公园设计。踏星广场及 5 条副轴线上地灯蓝色的光点如导航灯将人们的目光引向大海，锯齿线隐喻大海的潮汐，柔和或棱角分明的地形使大地犹如雕塑，使观赏者可从中感受到大海、宇宙的无穷力量。不同高度的绿篱、水生植物和大树塑造层次丰富的空间，让人们感受到了大海的神秘和变幻莫测。疏林草地宽松自在的环境，又使人感受到大海的温情、包容与宽广。

（2）**空间布局**　公园中心沿南北方向的一条锯齿线道路和沿东西方向的一条宽阔笔直的线性道路把公园分为四大块。另外，为了使筼筜湖在视线上和游览线上都与大海紧密相连，在公园沿东西方向等距布置了 5 条笔直的小路，这些小路与锯齿线道路相连，组成道路网，将公园划分成天园、地园、林园、草园、水园、滨海风光和星光大道 7 大景区（图 4-26 至图 4-29）。

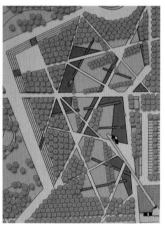

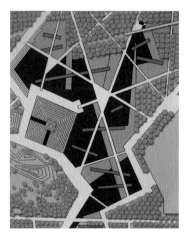

上：图 4-26（左）　海湾公园总平面图
　　图 4-27（中）　林园种植设计示意图
　　图 4-28（右）　水园种植设计示意图
下：图 4-29　滨海雕塑

左：图4-30（上）　地园
　　图4-31（下）　天园
右：图4-32　夜景

（3）设计手法　通过公园北端螺旋形的天园和公园南端方锥形的地园设计，增加公园与基地南北两侧城市环境的空间层次，同时塑造公园制高点。通过道路、矮篱、中篱、高篱、树列、栈桥、树林层层叠加、互相穿插，形成空间层次自然丰富、灵活多变的林园，其绿色背景可为雕塑展览提供灵活的展品陈列环境。通过沉水植物、浮水植物、不同高度的挺水植物、漂浮在水面上的步行桥、栈桥、树列、树林叠加构成水园的空间层次，并通过水生植物使水进一步净化（图4-30至图4-32）。

4.1.6　上海世博园中国馆屋顶花园

2010年建成，占地2.7公顷

（1）构思立意　屋顶花园作为世博园国家馆的重要景观衬托，景观立意"新九洲清晏"，取北方皇家园林圆明园中九洲景区之格局，以碧水环绕的九个岛屿（含入口广场）象征浩瀚中华之广袤疆土，寓意"九州大地，河清海晏，天下升平，江山永固"。

（2）空间布局　屋顶花园与中国馆屋顶共同构成一个近梯形，花园由一汪碧水中的一个入口广场和八个岛屿组成。八个岛屿从东南到西北分别为"田""泽""渔""脊""林""甸""蛰""漠"，加上入口区的平地，采用中国典型的地形地貌特征寓意九州大地。地形以"脊"最高，立面走势暗合我国大陆架西高东低的格局。屋顶花园有四个服务性建筑，一个地下，三个地上，分别位于

"田""渔""垦"岛上的主题咖啡吧、主题餐厅和休闲音乐餐厅。另外，还有36个风机口遍布屋顶（图4-33、图4-34）。

（3）种植设计 一是注重岛与岛之间的整体联系，利用竹类植物作整体背景，中间层和前景增加相似或相同树种，如岸

左：图4-33 中国馆屋顶花园总平面图
右：图4-34 中国馆屋顶花园鸟瞰效果图

线栽植荷花、碗莲等水生植物增加统一性。二是突出各个岛屿的主题，如"田"采用果石榴、香泡＋慈孝竹＋白岁狼尾草、紫豫谷、矢羽芒，充分体现田林野趣的乡村景观；"渔"用金丝柳、香樟、红枫＋竹类植物、丛生紫薇＋碗莲、水生植物表达鱼米之乡桃红柳绿的生活场景；"泽"采用池杉、东方杉、水杉、水松等耐湿树种为主景树，岸线和水景中利用梭鱼草、花叶水葱、再力花、花叶美人蕉、碗莲等水生植物，表达湿地主题景观。三是注重植物色彩的层次变化节奏，5－10月份世博会期间，自东向西各岛植物色彩主基调分别为"田"——果石榴（红色花果）、"泽"——池杉等（秋季叶色黄红）、"渔"——红枫等（秋季红黄）、"脊"——白皮松＋梅花（绿色）、"林"——红枫＋银杏（秋季红黄）、"甸"——菊科花境（秋季红黄）、"垦"——金钱松（绿色）、"漠"——紫薇（开花桩景）（图4-35至图4-38）。

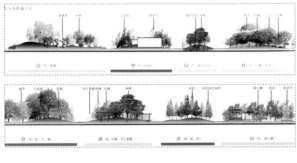

左：图4-35（上） 优化方案植栽立面一
图4-36（中） 优化方案植栽立面二
图4-37（下） "脊"实景图
右：图4-38 "田"实景图

4.2
城市广场

4.2.1 四川都江堰广场

建成于 2003 年，占地 11 公顷

（1）**构思立意**　用现代景观设计语言，体现古老、悠久且独具特色的水文化，以及围绕水的治理和利用而产生的石文化、建筑文化和种植文化，使之成为一个充满文化内涵的城市中心广场，设计主题为"天府之源，投玉入波；鱼嘴竹笼，编织稻香荷肥"。

（2）**主题表现手法**　在广场中心地段，设一涡旋型水景，意为"天府之源"。中立石雕编框石柱，内填白色卵石，石柱上水花飞溅，其下浪泉翻滚，取古代"投玉入波"以镇水神之象。水波顺扇形水道盘旋而下，扇面上折石凸起，似鱼嘴般将水一分为二、二分为四、四分为八……细薄水波纹编织成一个流动的网，波光淋漓。蜿蜒细水顺扇面而下，直达太平步行街，取"遇弯裁角，逢正抽心"之意。广场的铺装和草地之上是三个没有编制完、平展开来的"竹笼"，竹篾（草带、水带或石带）之中心线分别指向"天府之源"（图 4-39、图 4-40）。

（3）**细部设计**　广场的设计来源于对地域自然、历史文化以及当地生活的体验和理解，最

左：图 4-39　都江堰广场总平面图
右：图 4-40　"天府之源"水广场

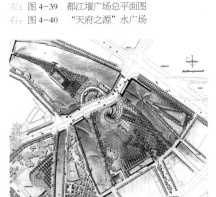

后凝练为地方精神，并用艺术化的手法表现出来。导水漏墙源于当地竹笼和导水槽的形态，杩槎天幔源于天府阳春三月遍地黄花的地域景观以及远古时期遍插铜柱、杩槎治水的历史，灯柱、栏杆以及过江的两座吊桥纹样均源于竹笼的编制格式语言（图 4-41 至图 4-43）。

4.2.2 杭州西湖文化广场

建成于 2009 年，占地 12.4 公顷

（1）**构思立意**　运用古运河文化作为广场景观布置主题，通过独特的景观设计手法，使人们能够在其中得到不同的文化和空间感受，创造具有区域特色的城市亲水休闲空间。

上：图 4-41（左）　杩槎天幔
　　图 4-42（中）　浅水置石
　　图 4-43（右）　鱼鳞铺装
下：图 4-44（左）　西湖文化广场总平面图
　　图 4-45（右）　西湖文化广场鸟瞰图 1

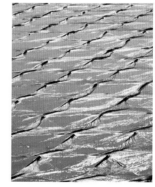

（2）**空间布局**　利用基地的形状特质，挖掘自然人文景观资源，塑造"一中心一轴一带"的景观格局，从而使整个地块成为一个整体。"一中心"指"琥珀广场"，寓意文化的凝聚、情感的凝结，是基地文脉所在。"一轴"指"玉簪"，寓意由古至今，穿越时空，是基地水脉和光脉所在。"一带"指"水袖"，绿浪延绵起伏，是基地的绿脉（图4-44至图4-46）。

（3）**设计手法**　琥珀广场代表未来信息文化，周围有景观雕塑球环绕，球体上有夔龙争珠雕刻纹，加上广场中心景观旱喷泉，共同塑造了广场的勃勃生机。金水桥的叠水和广场特殊材质地面，形成了熠熠生辉的玉簪形象，串起广场各个景点。金水桥段的景观水带地面为玻璃，既为主体建筑提供倒影，又强化了轴线；金水桥面两侧铺装着代表良渚文化的神人兽面图案，并设置与主体建筑形态相呼应的雕塑灯柱。水袖绿脉指古运河沿岸30米的生态景观带，整条绿脉如同越剧中的水袖一般环绕着整个广场，赋予广场动感和韵律（图4-47至图4-49）。

上：图4-46　西湖文化广场鸟瞰图2

下：图4-47（左上）　滨水景观

　　图4-48（左下）　广场小品

　　图4-49（右）　广场绿化

建成于 2010 年，占地 2.15 公顷

（1）**功能定位**　庆典广场的定位要考虑世博期间和世博之后的功能延伸。在世博会期间，庆典广场是世博会举行大型庆典、接待、户外观演等活动的重要场所之一；世博会之后，地处滨江绿地的庆典广场将成为黄浦江两岸滨江体系的重要空间节点，是市民休闲旅游的标志性景观，也是今后上海举办大型演艺、庆典活动的重要场所之一。

（2）**设计构思**　作为庆典广场，应满足安全、便捷、休闲、亲和、壮观等特性。安全性方面应尽量减少高落差台阶；便捷性通过开放性来体现；休闲功能可利用水镜两侧树阵广场提供各种树池式座椅来实现；亲和性体现在细节设计，如石材颜色、大小、拼接方法等方面；壮观性可通过简洁大方、摒弃琐碎的设计手法来实现（图 4-50 至图 4-52）。

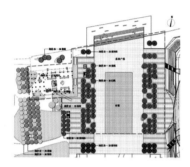

上：图 4-50　世博庆典广场总平面图
中：图 4-51　世博庆典广场区位图
下：图 4-52　世博庆典广场鸟瞰图

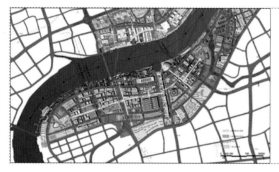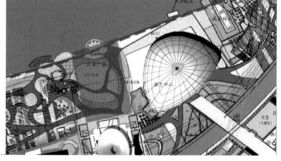

（3）**景观构成**   水镜作为广场最重要的景观要素，位于广场的中轴线，是世博园中央轴线的延续。整体造型呈矩形，长宽分别为 86 米和 40 米。水从广场地砖下的水洞中涌出，以保持水镜水深在 5 毫米，薄薄的水膜确保了水面的平静感，如镜子一般，周边的建筑、公园、天空倒映其中，由此便称之为"水镜"。林荫广场种植较大规格的日本青枫和日本红枫，在提供阴凉的同时也增加了景观效果。为了丰富广场景观，特意在广场中设计了 13 组特色景观树池小品，树池的外形为瓜子状不规则异形，用花岗岩拼接而成。场地原有的钢铁厂仓库被改造为广场贵宾接待、观演休息场所和管理配套设施（图 4-53、图 4-54）。

4.2.4 广州花城广场

建成于 2010 年，占地 56 公顷

（1）**设计理念**   花城广场是广州市城市中轴线上标志性的 CBD 中央广场，以"百川归海，城市绿洲"的总体设计概念体现广场承担的时代任务，是新时期广州市的"城市客厅"和广州的"名片"。景观要与新中轴线上整体城市空间以及周边建筑环境相协调，功能上要解决核心区地上地下人流、车流，并且要为市民及游客提供观光、休闲、娱乐、购物等配套齐全、服务优质的各类设施，形成以人为本、充满活力、景观宜人的城市绿洲（图 4-55、图 4-56）。

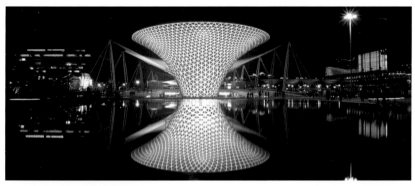

左：图 4-53（上）   水镜夜景
　　图 4-54（左下） 原厂房改造成的配套服务设施
　　图 4-55（右下） 花城广场鸟瞰效果图
右：图 4-56 花城广场总平面图

（2）**设计策略** 花城广场的空间塑造要求将广场东西两侧的建筑在城市空间上连接起来，对整个区域的空间结构起到协调控制的作用，具体做法是把整个核心区绿化作为整体进行设计，并与周围城市环境进行协调，特别是将周边建筑的地面景观纳入核心区景观设计系统中，形成一个完整的景观形象。另外，利用地下空间连接整合 CBD 区域内各类设施和周边建筑，将地面景观与地下空间相联系，创造一个有吸引力的集文化、娱乐、商业于一体的多功能地面和地下空间（图4-57）。

（3）**空间布局与设计手法** 广场分为南北两部分，南部为广场区，由庆典广场、文化艺术广场、双塔广场三大广场组成；北部为生态公园区，由北入口广场和浮岛湖区组成。庆典广场占地较大、固定植物较少，可根据不同节庆日变换主题。文化艺术广场凸显花城广场的文化底蕴与内涵，大面积的广场通过铺装材料和地灯形成的线性图案，打通各建筑之间的视线通廊，引导人流聚散。双塔广场地处标志性建筑西塔和东塔之间，椭圆形的广场上旱喷泉时时泻玉飞珠，与高耸入云的双塔建筑以及珠江对岸的广州电视塔交相呼应、相得益彰。北部的浮岛湖区利用丰富的岭南植物、岸线变化多端的水景、形态各异的石景营造一幅城市中央的生态绿洲景观，突出广州岭南水乡的特色。地块最北端的入口广场，则以硬地铺装为主，结合整齐的树阵，以半圆形外向开敞空间塑造入口形象（图4-58至图4-60）。

上：图4-57（左）　下沉广场效果图
　　图4-58（右）　水中芦苇（灯光）
下：图4-59（左）　湖岸夜景
　　图4-60（右）　广场夜景

4.3
住宅花园

4.3.1 私家庭院：上海兰乔圣菲庄园

占地 1490 平方米

（1）**整体风格** 花园将意大利托斯卡纳明快亮丽，注重户外生活的田园风格与浪漫古典，具有丰富花境色彩的英式庭院风格有机结合，营造出与建筑风格相融合的欧式庭院（图4-61）。

（2）**布局与设计手法** 花园包括餐厅区、会客厅、英式下午茶区、日光浴区、园艺区、欧式花园区。空间序列和行走路径有序畅达、富有吸引力。铺装材料丰富、具有较强的装饰性，且与功能和空间特征相适应。植物种类丰富、种植设计手法多样，包括宽阔的草坪、自然式花境、修剪整齐的灌木球草坪、英式花圃和乔灌草多层次搭配的密林等（图4-62至图4-65）。

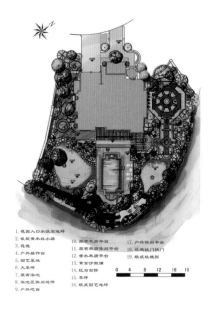

1. 花园入口水洗石地坪
2. 板型青木纹小路
3. 花境
4. 户外操作台
5. 园艺菜地
6. 大草坪
7. 原有泳池
8. 泳池区休闲地坪
9. 户外吧台
10. 原有木质平台
11. 原有木质休闲平台
12. 柔木质平台
13. 黄金沙铺镇
14. 红石台阶
15. 草坪
16. 欧式园艺地坪
17. 户外休闲平台
18. 玫瑰铁门拱门
19. 欧式玫瑰园

0 4 8 12 16 18

上：图 4-61（左） 庭院总平面图
　　图 4-62（中） 花园入口
　　图 4-63（右） 下午茶休息廊
下：图 4-64（左） 泳池
　　图 4-65（右） 欧式侧花园

4.3.2 别墅区景观：北京"运河岸上的房子"

修建于 2004 年，占地 22.3 公顷

（1）**空间设计**　由于别墅区公共空间极为有限，设计师对公共道路进行了小到 1 厘米的空间推敲与分配，以丰富景观层次。别墅区中有三级道路：9 米、6 米和 4.5 米，设计师将三级道路两边都设计了至少四个层次的植物景观：大乔木、小乔木（灌木）、地被花卉和私家庭院乔木，使车行道路形成了兼具深幽感与开阔感的多层次空间。另外，设计师将植物、围墙、灯具、别墅入户口等景观要素统一理解为空间构成材料，像设计城市沿街立面一样，对这些空间构成材料进行合理的分析和调配。如院子以 1.4 米高的木、钢格栅、砖和植物等材料进行围合，1.4 米高保证了院子的领域感，同时站着的人的视线又能通过，具有非常好的现场效果（图 4-66）。

（2）**现代感中蕴含传统美学**　对一些关键的对景节点定义为以材料命名的空间："竹——入口""石——坐立""瓦——涟漪"等，如设计师将竹子作为区内的一种入口提示材料，在入户门口的对景、车行道路尽头、步行入口等空间两边设计了密密的竹林，用以实现人们对空间的心理转换，而稀疏的几根竹子与围墙的搭景又将中国传统中人们对竹子的审美情趣带到现代别墅空间中来，现代感中蕴含传统美（图 4-67）。

（3）**观与被观，融为一体**　在东西向与南北向水系的交点处，设计师设计了一个名为"取景器"的构筑物。"取景器"全部由同一种混凝土砌块构成，形如老式相机探向水中，正取东西向水系深处的"景"，包括别墅居住者的生活状态、水塘中的小生态系统以及天光云影、水波树形等。实际上，"取景器"不仅为人们提供了一个欣赏美景的空间，其本身也成为景观的一部分（图 4-68、图 4-69）。

（4）**细节设计**　设计不一定要宏观叙事，看似普通的细节也可以成为统领全局的设计出发点。设计师将原规划中 6+1.5+1.5 的行车道与人行道合并模式分解为三条并行的道路：一条折径(1.5米)、一条车道（6 米）、一条坡径（1.5 米）。折径的空间定位为人们在其中"左左右右地折返行进"，空间设计为安静、封闭、通幽的方式；坡径的空间定位则是人们在其中"上上下下地跌宕行进"，空间视野开阔。在折径一边，设计师设计了一条小溪与小径分分合合地前行，这种分合、交叉、并行等状态很自然地丰富了空间层次，人走在其中便会真正有移步换景的感受。在坡径一边，设计师通过台形的土坡，将小径的坡度分别设计为 1 : 10、1 : 12、1 : 16、1 : 20、1 : 30 等不同的情形，让人们走在不同的坡度上感受细微的感觉差异构成的别致景观体验（图 4-70、图 4-71）。

左：图 4-66　别墅区总平面图
右：图 4-67　样板区公共环境空间设计总平面

建成了 2005 年，占地 37 公顷

（1）设计原则　根据小区所处的区域、地貌及自然环境条件，以植物为创造园景的主要元素，构筑以植物景观为主体的园林大环境。以大量的植物组织分隔空间，形成与周边环境相协调、相关联、具有良好生态、舒适度较高的居住空间。园林设计体现以人为本的宗旨，在空间划分上

上：图 4-68（左）　水岸景观实景
　　图 4-69（右）　庭院景观实景
下：图 4-70（左）　坡径实景
　　图 4-71（右）　公共景观实景

兼顾观赏、健体活动、小憩、亲子活动及邻里交流等功能（图4-72）。

（2）**景观分区**　根据地形变化及建筑组团结合、聚散，分为主入口、生态溪流、住宅组团、花阶、环山植物等11个景观区。景观设计总体上以色彩丰富、造型活泼为目标，讲究自然，利用现有地貌植被，使整个小区犹如身处自然公园之中（图4-73至图4-75）。

（3）**植物配置**　园景尽可能保留原基地内的大型乔木，根据不同的功能及观赏需要选择相应的树种。主入口及主要行道树，选择冠大、生长良好、遮蔽性强的阴香、秋枫、盆架子、榕树等；在生态溪涧上选用朴树、尖叶杜英、红千层、水石榕、幌伞枫等多种乔灌木、地被，形成浓密、层次丰富、生态良好的植物景观；泳池以棕榈植物为主，形成摇曳、飘洒、具有亚热带特点的景观；坡地源头以樟树、竹等植物形成浓密的山林景观感；特色区以香花树配合游憩活动功能的需求（图4-76、图4-77）。

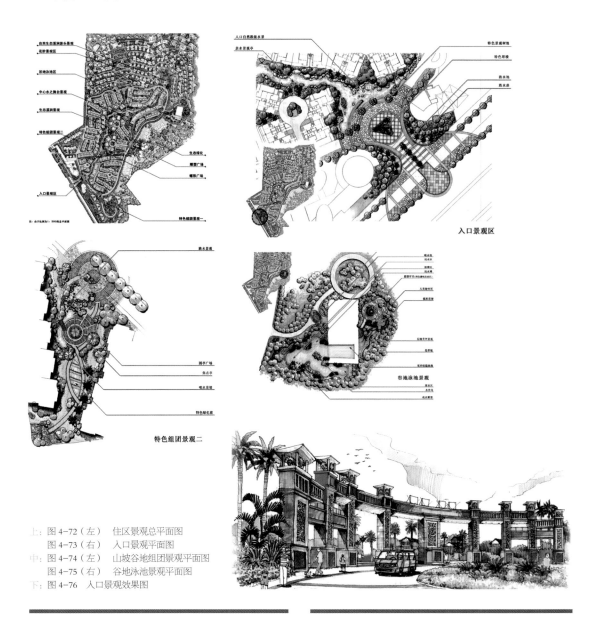

上：图4-72（左）　住区景观总平面图
　　图4-73（右）　入口景观平面图
中：图4-74（左）　山坡谷地组团景观平面图
　　图4-75（右）　谷地泳池景观平面图
下：图4-76　入口景观效果图

图 4-77　石头景墙跌水效果图

4.3.4 居住区景观：广州云山雅苑

建成于 2008 年，占地 3.08 公顷

（1）总体构思和布局　中心花园主要位于地下车库上，由三栋高楼围合而成，形态狭长而窄小。园林设计重点在有限的空间里营造"小中见大"的庭院感觉，并将架空层与外部庭院有机结合。绿地布局按照点线面三个层次进行，"点"指位于居住建筑之间、利用建筑小品和植物种植形成的融休息、观赏、活动、交流为一体的庭院景观；"线"指贯穿整个居住区系统的小区道路及两条休闲步道两侧的成排绿化；"面"指由建筑围合成的大面积集中绿地，为住户休闲、沟通提供安逸亲切的场所（图 4-78、图 4-79）。

（2）设计手法　中心园林区以现代的造园手法，运用堆坡造林、台地与下沉广场相结合的多变空间形式，同时引入"花海"创意，以生态的"绿色纽带"串联整个社区。这一设计手法从

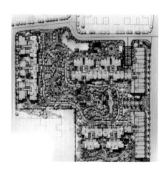

左：图 4-78　住区花园总平面图
右：图 4-79　住区花园鸟瞰图

视觉上有效地弱化了建筑景观，在有限的面积里实现小中见大、步移景异的景观效果（图 4-80、图 4-81）。

（3）水景设计　水景本着宜精不宜多、仅作为园林景观点睛之笔的原则进行设计。通过对生态溪涧、园林泳池、入口跌水景墙的合理组合，营造生态的水景空间。为了避开地下车库范围，将泳池设在小区的东北角，采用流畅曲线勾勒泳池轮廓，令泳池更具张力和灵动性，在有限空间获得更大的舒适感（图 4-82）。

上：图 4-80　住区花园剖面图
下：图 4-81（右）　住区花园实景图一
　　图 4-82（左）　住区花园实景图二

4.4
单位庭院

4.4.1 酒店园林：博鳌亚洲论坛度假酒店

建成于 2003 年，占地 13 公顷

（1）**总体构思和布局**　以保持原生态为基本原则，利用原有地形、水系等自然生态系统，结合当地人文景观特色，将会议和休闲的多种功能融入景观设计，并具体通过入口区、万泉广场、屋顶花园、酒店园林、长廊和泳池等景观分区设计来体现（图4-83）。

（2）**设计手法**　入口区通过高大挺拔的油棕树阵、宝塔形的喷水池及金色博鳌亚洲论坛标志、环形 26 国国家会旗阵列以及 20 米宽的片植灌木和花卉植物带，构成会议和参观的前奏，衬托会议中心主体建筑的大气和质朴。会议中心和酒店之间的万泉广场以"泉"为主题，利用仿佛涟漪的圆环状铺装以及水纹中心精美的喷泉、涌泉、水雾形成不同形态的水体，与酒吧旁跌落的水幕、散布在水纹中的绿岛等共同形成主题鲜明、功能多样、清凉舒适的小空间，可以满足咖啡馆、免税店、夜总会等商业环境的需求。同时也形成若干临时纪念品售卖点。屋顶花园受承重限制，设计多功能玻璃墙面建筑物、林荫小道、阶梯、椰树和丰富的迷宫式的花坛，满足俯瞰和延续室

图 4-83　会议中心及度假酒店总平面图

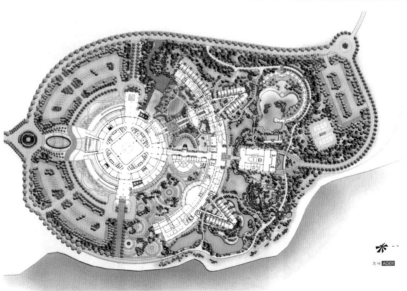

上：图 4-84（左）　会议中心入口
　　图 4-85（右）　高尔夫球场
下：图 4-86（左）　酒店无边际泳池
　　图 4-87（右）　泳池配套建筑

内外空间的功能。酒店景观则以小喷泉、假山石、小桥流水、亭台楼阁、无边际泳池、人工礁湖、温泉泡池、溪流、瀑布、荷花池等营造舒适而新鲜的度假体验。长廊及泳池区则利用大回廊作为围合空间的主体，加上层层错落的泳池、温泉泡池、水吧、滨水小舞台、笠亭，形成飘逸轻灵的美景（图 4-84 至图 4-87）。

4.4.2 酒店园林：广州长隆酒店

建成于 2008 年，占地 14 公顷

（1）**总体构思**　设计采用自然生态的理论及方法，强调"丛林的神秘城堡，岭南的动物王国"主题。充分利用原有地形及自然要素，通过功能及景观的合理布局、植物形态及色彩的巧妙搭配以及特色化的硬质景观，营造富有原始热带丛林环境氛围、身临其境观赏野生动物的度假酒店式园林景观。

（2）**布局形式、分区与景观内容**　酒店庭院为自然式，结合酒店建筑及空间围合特点将庭院分为 4 个景观区域：主入口景观区、中心庭院区、次庭院区和周边公共景观区。主入口景观区属于酒店前庭区域，位于地库顶板之上，采用林荫大道、主题性雕塑、树阵广场、水景与植物景观相结合等造景手法，体现入口区交通集散和主题标识等功能。中心庭院区是体现景观设计主题的重点，通过植物、地形、水景、岛屿的巧妙配合，将最高的天鹅岛到中部的火烈鸟岛到最低处的白虎岛和锦鲤池连贯成视觉整体，并以热带雨林风格为主题进行景观营造。次庭院区设计以一条景观叠水带为轴线，并与草坪活动空间相呼应，周围以密林围合，满足聚会和交往等需求。周边公共景观区通过休闲步道、眺望台、植物造景等景观，使其成为俯瞰长隆水上乐园的观赏区（图4-88至图4-91）。

（3）野生动物展示设计　为了将旅游观光、野生动物观赏和酒店休闲多种功能相结合，实现人与动植物和谐共处的主题酒店体验目标，酒店的视觉美观设计充分考虑动物生活习性及游客安全。比如白虎园根据白虎垂直起跳最大高度和斜向跳跃飞行水平最大距离分别不超过4.5米和8米的特点，设计了比白虎园地面高出4.5米以上供游人活动和行走的观虎隧道，同时在白虎园与隧道之间设计8米的壕沟，使白虎没有足够的起跳距离。火烈鸟不喜欢走到水深超过0.5米的水中，针对火烈鸟这一习性设计了适宜的水池深度，并对岛内面积进行控制，使火烈鸟没有起飞助跑距离。

（4）装饰材质和风格　酒店主体建筑为"撒法里主义"与岭南特征相结合的装饰风格。撒法里是一种将撒哈拉沙漠、热带草原、赤道雨林的环境特点相结合、具有自然主义情调的时尚风

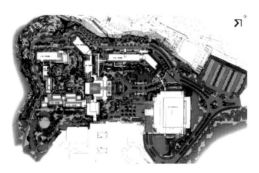

上：图4-88（左）　长隆酒店总平面图
　　图4-89（右）　中心区鸟瞰
中：图4-90　大堂入口
下：图4-91　中心区锦鲤池

上：图4-92　总统套房天台花园
下：图4-93　前广场夜景

格。酒店园林以此风格而设计，全园装饰材料根据"突显岭南地域、丛林、动物特征"的设计主线，石材以原始、自然感的材料——火山石为主，配合卵石、枕木、青石板、红砖、陶片等本土材料，通过不同拼接，创造奇趣各异的肌理效果（图4-92、图4-93）。

4.4.3 科技园景观：北京中关村软件园中心区

建成于 2003 年，占地 5.5 公顷

（1）**构思与表现**　科技智慧的数据线构架出当今信息社会的脉络，将世界连成一体，中心区景观设计正是用多条线路来诠释这一理念。其中最突出的线条是水线、晶体线和数据线，它们将湖中小岛与陆地联系起来。"水线"由流水和金属格栅构成，水渠上覆盖金属格栅与漂浮于水

面的格栅桥相连，似闪电般折线形的水线充满力量感；"智者乐水"，水代表着软件园中研发人员的智慧。"晶体线"由玻璃光带构成，一条笔直的玻璃铺装构建的光带线路形成晶莹的晶体线，如同计算机中的硅晶片，将湖中岛、桥、水面、数码平台、草地、道路、螺旋山连接起来，晶体线高高架空在水面之上形成一座玻璃桥，绿地南部的螺旋山是全园的至高点，也是晶体线的终点。盘旋上升的道路与晶体线相交，线形交错相融，代表时代科技中的思维交叉。折线和曲线由压花钢板和小料石共同组成的"数据线"，计算机程序以数据写出，绿地中用数据线诠释了网络时代的数据的意义（图4-94至图4-96）。

左：图4-94（上）　中关村软件园中心区总平面图
　　图4-95（下）　中关村软件园中心区鸟瞰图
右：图4-96　晶体线和螺旋山

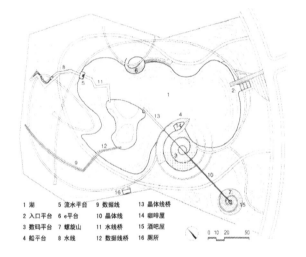

1 湖　　　　　5 流水平台　　9 数据线　　　13 晶体线桥
2 入口平台　　6 e平台　　　10 晶体线　　　14 酒吧屋
3 数码平台　　7 螺旋山　　　11 水线桥　　　15
4 船平台　　　8 水线　　　　12 数据线桥　　16 厕所

图 4-97 晶体桥和平台示意图

（2）平台的设计与寓意 园中平台分别为入口平台、数码平台、船平台、流水平台和 e 平台。数码平台的设计采用螺旋形构图，棋盘格状铺装隐喻数码的条理性和秩序性；船形平台朝向宽阔的湖面，如同一艘欲扬帆远航的轮船，象征中关村软件园作为中国 IT 产业的领头舰（图 4-97）。

（3）多变的湖岸线处理手法 中心区总体布局以 1.6 公顷的水面为核心，湖岸线以自由流畅的曲线构图，东西向形成深远的水景空间。驳岸形式多样，有卵石滩，有直接与水面相连的草地，有水生植物和耐湿乔灌木种植形成的自然生态驳岸，有花岗岩砌筑的整齐硬质驳岸，以及整齐有序的亲水台阶驳岸。湖岸线将平台及其他场地串联在一起，形成丰富有致的湖岸景观线。

4.4.4 大学校园景观：沈阳建筑大学

建成于 2003 年，占地 80 公顷

（1）规划设计构思 强调现代园林的简约和功能主导性，体现"白话的景观与寻常之美"；重拾"园林结合生产"的精神，塑造"稻香融入书声"的校园文化景观，使学生回到真实的土地，

图 4-98 校园总体规划平面图

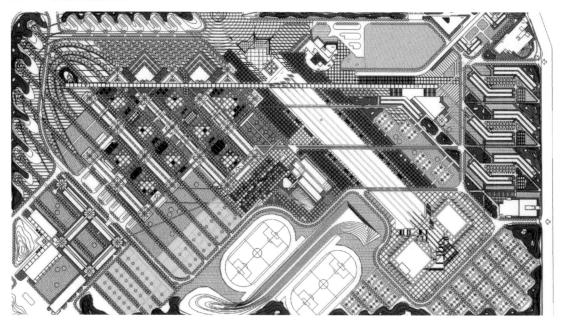

亲身感受农作物自然生长、管理和采收，让学生体会到劳动之不易和劳动之光荣（图 4-98）。

（2）简洁加法和参与提升的设计手法　将稻田本身的自然景观以及人与作物互动的人文景观相结合，具体包括：一是在大稻田基底上建读书台；二是修建便捷的路网体系，用直线道路连接宿舍、食堂、教室和实验室，道路两旁杨树夹道排列，强化了稻田的简洁、明快气氛；三是强调景观的动态过程，包括春天播种、秋天收割、冬天稻田斑块、稻穗垛子都被作为设计的内容；四是可参与性，学校师生参与劳动的过程本身成为景观不可或缺的一部分，通过这种参与，强化校园景观的场所感和认同感（图 4-99、图 4-100）。

（3）空间定位　重复的 9 个院落式建筑群容易造成空间的迷失，应用相似的分形原理进行 9 个庭院的设计，使每个庭院成为独具特色的空间，使观赏者可以通过庭院的平面和内容感知所在的位置。每个庭院中都有一个用于标识所在教室专业特色的雕塑和小品，这些小品设计的灵感来源于各个专业的实验室器材、机械及其他相关特征。

上：图 4-99　便捷路网和读书台
下：图 4-100　校园文化节

第5章
外国现代园林赏析
WAIGUO XIANDAI YUANLIN SHANGXI

5.1
城市公园

5.1.1 中央公园（美国纽约）

修建时间为 1857—1873 年，占地 341 公顷。设计者：弗雷德里·劳·奥姆斯特德和卡尔弗特·鲍耶·沃克斯

（1）**总体布局**　纽约中央公园被东西向的四条穿城大街分为五大部分，由北向南依次为：①第 110 大街至穿城第 97 大街，以稠密森林景观为特色，包括梅尔黑人区、北部森林和温室花园。②穿城第 97 大街至穿城第 85 大街，以人工湖为特色，包括网球场、欧纳西斯水库。③穿城第 85 大街至穿城第 79 大街，以大草坪为景观特色，包括大草坪、都市艺术博物馆、登高远望的望景楼。④穿城第 79 大街至穿城第 65 大街，以林荫道和台地景观为特色，是公园唯一规则式布局的部分，包括林荫道、贝斯赛达台地、大草坪漫步区、湖泊、拱桥等景点。⑤穿城第 65 大街至第 59 大街，以稠密的树林为特色，包括赫克舍球场和野生动物园（图 5-1）。

（2）**设计风格**　自然风景式的设计风格是在唐宁提出的"风景如画"的基础上形成的，目标是使城市居民从人工环境中解脱出来，享受乡村式的自然美景。公园边界种植密密麻麻的高大树木，形成周边高楼大厦天然的屏风；公园南部是田园式的，北部是更加稠密的森林，这些布局都是突显自然式风格；唯一规则式布置的是林荫大道，这也是为当时盛行的散步活动设计的。

（3）**道路系统**　草原方案获奖的很大原因也在其对道路系统具有远见性的人车分离式处理。首先，在当时还只是以马车作为交通工具的时代，就提出将四条东西向的城市干道处理成横穿地下道路，避免南北向近四公里的公园被城市道路分割。其次，在公园内部，把车道、骑马专用道、人行道各自组成互不

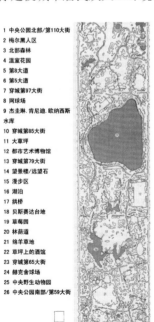

1 中央公园北部/第110大街
2 梅尔黑人区
3 北部森林
4 温室花园
5 第8大道
6 第5大道
7 穿城第97大街
8 网球场
9 杰奎琳.肯尼迪.欧纳西斯水库
10 穿城第85大街
11 大草坪
12 都市艺术博物馆
13 穿城第79大街
14 望景楼/远望石
15 漫步区
16 湖泊
17 拱桥
18 贝斯赛达台地
19 草莓园
20 林荫道
21 绵羊草地
22 草坪上的酒馆
23 穿城第65大街
24 赫克舍球场
25 中央野生动物园
26 中央公园南部/第59大街

100米
N

左：图 5-1　中央公园总平面图
右：图 5-2　第 65 大街的过街通道

上：图5-3（左）　中央公园大草坪
　　图5-4（右）　中央公园湖泊
下：图5-5　中央公园溜冰场

干扰的循环系统，局部地区还首次使用立体交通的模式，将公园内部不同运动方式的道路分隔开，避免一个特定体系的使用者与其他使用者发生冲突（图5-2）。

（4）综合功能　公园设计初衷是为了满足人们工作之余休闲、健身的需要，因此，在公园中设计了草坪、人工湖散步道、骑马专用道供人们散步、沐浴阳光、野餐、骑马等休闲活动。同时，在公园也汇总设计了网球场、溜冰场等满足人们健身的需要（图5-3至图5-5）。

5.1.2 居尔公园（西班牙巴塞罗那）

修建时间为1900－1914年，占地17公顷，设计者：高迪

（1）空间布局　公园为自然式为主、规则式为辅的混合布局模式，总体围绕南部主入口区规则布置的入口广场、阶梯、台地喷泉雕塑、平台百柱大厅、希腊式剧场等中心建筑，在公园四周布置自由曲线环路（图5-6）。环路将公园分割出小教堂、沙子意向游泳池式观景广场、山林洞穴等各种依山就势布置的

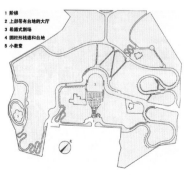

1 阶梯
2 上部带有台地的大厅
3 希腊式剧场
4 圆柱形栈道和台地
5 小教堂

图5-6　居尔公园平面图

园林景观。总体上巧妙地利用地形、屋顶、平台、岩石洞穴、植被等，创造多变的立体空间。

（2）设计风格特色　居尔公园是新艺术运动曲线风格的极端运用典范，整个设计充满了波动的、有韵律的、动荡不安的线条、色彩、光影、空间的丰富变化。围墙、长凳、柱廊、建筑等有机的形状和轮廓，加上绚丽的马赛克镶嵌装饰表现出鲜明的个性（图5-7、图5-8）。

（3）艺术风格　公园将建筑、雕塑、装饰、色彩、光影以及大自然环境融为一体，充满了童趣与超现实主义风格，最有特色的是他反复用动物、植物、岩石、洞穴等主题造型图案表现出类似自然化的视觉效果。百柱大厅内的柱子造型规整，排列有序，柱身由纯白和象牙色的石头拼贴而成，充满古希腊风格。公园内有整个走廊的斜柱子，凹凸不平的石块砌成象腿状，随意地倚靠着山坡，充满东方情调（图5-9）。

（4）功能设计　公园内的建筑屋顶、弯曲环路、长椅、排水系统、观景平台、廊柱、漏窗、意向游泳池等，无不表现出多种功能的巧妙整合。建筑屋顶形如长蛇蜿蜒起伏，波浪形的女儿墙自然随意地形成屋顶的外围，墙内侧镶嵌的坐凳，又给游客提供了绝佳的观景平台。墙体贴满了色彩斑斓的陶瓷碎片，使得女儿墙集屋顶、隔离墙、长椅、弯曲步道、观景平台、观赏艺术品于一体。屋面的排水处理与我国故宫的须弥座有异曲同工之妙：水从屋顶流入支撑屋面的石柱，然

左：图5-7　小教堂
右：图5-8（上）　居尔公园入口
　　图5-9（下）　洞穴式柱廊

后从石柱上镶嵌的石兽口中如喷泉般喷出。用沙子做成的意向游泳池，既是公园广场，也是观景平台，还是嬉戏场所（图5-10、图5-11）。

5.1.3 拉·维莱特公园（法国巴黎）

修建时间为1982—1995年，占地55公顷，设计者：伯纳德·屈米

（1）**总体布局**　该公园一直被认为是"解构主义"的代表作，东西向的乌克尔运河将公园分成南北两部分：南部是19世纪建造的中央市场大厅，长241米、宽86米的金属框架建筑改成了展览馆和音乐厅，大厅南侧是建筑师包赞巴克设计的拉·维莱特音乐城，南边的公园充满了艺术氛围；公园北部是国家科学技术展览馆，展示最新的前沿科技；西边是斯大林格勒广场，以运河风光和闲情逸致为特色（图5-12）。

（2）**设计表现**　屈米将他的设计称为是拒绝文脉、颠覆文脉、反文脉、与周围环境没有关系的设计，是后现代解构主义建筑理论在景观中的一次巧妙运用。其设计将复杂的地块现状视为

左：图5-10　用沙子铺成的意向游泳池兼公园广场
右：图5-11（上）　须弥式排水系统
　　图5-12（下）　拉·维莱特公园平面图

一片空白，用点线面分解，各自组成完整的系统，然后又以新的方式叠加起来。**从点的要素看：** 首先把基址按 120 米 ×120 米画了一个严谨的方格网，在方格网内约 40 个交汇点上各设置一个耀眼的红色建筑，屈米称之为"Folie"，以此作为点要素和点景物。每个 Folie 的形状都是在长宽各为 10 米的立方体中变化，Folie 的设置不受已有或规划中的建筑位置的限制，所以有的 Folie 设在一栋建筑的室内，有的又由于被其他建筑占据而只能设半个，有的又正好成为建筑的入口，方格网和 Folie 体现了传统法国园林的逻辑和秩序。有些 Folie 仅仅作为点的要素存在，没有使用功能；有些作为问询、展览室、餐饮小铺、咖啡馆、音像厅、钟塔、图书室、手工艺室、医务室之用。

从线的要素看： 运河南侧的一组 Folie 和公园西侧的一组 Folie，各由一条长廊联系起来，构成公园东西、南北两个方向的轴线。此外，线的要素还有几条笔直的林荫道和一条贯穿全园的流线型的游览路。弯曲绵延的游览路打破了由 Folie 构成的方格网所建立的秩序，同时也联系着公园中 10 个主题小园。**从面的要素看：** 由线分割出的面，包括空中长廊和林荫道分割的广场、草坪、树丛，由流线型游览路连接的 10 个主题小园：镜园、恐怖童话园、风园、雾园、龙园、竹园等这些面的设计，增加了园内的景点，丰富了视野感受（图 5-13 至图 5-16）。

上：图 5-13（左）　拉·维莱特公园模型
　　图 5-14（右）　拉·维莱特公园结构分析图
下：图 5-15（左）　点要素——红房子
　　图 5-16（右）　竹园

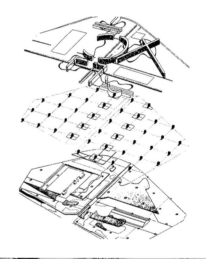

5.1.4 杜伊斯堡风景公园（德国杜伊斯堡）

修建时间为1990－1994年，占地200公顷，设计者：彼得·拉茨夫妇

（1）空间布局　杜伊斯堡公园为工业遗产景观的典范之作，公园地形是沿埃姆舍尔河峡谷、东西走向、长约3千米、宽500～1000米不等的条形地带，它被高速路和以前的铁路分成六大部分，其中59号公路将公园分为东部和西部片区。西部片区又被东西向的铁路分成南北两部分，一是西北部的Kokergelande炼焦厂区，现为鸟类森林区和三角洲音乐城；二是西南部的Schachtgelande煤矿区，现为草坪区。东部片区为炼钢厂及其配套建筑和设施区，被东西向的铁轨、南北向的克里尔沃特水道分成五部分，由西向东包括铁轨建成的火车站公园、水道上的水上公园、广场、高炉和储气库组成的炼钢厂设施密集区、锰矿田花园区和农场区（图5-17）。

（2）设计理念　设计中面临三大问题：厂房、烟囱、鼓风炉、铁路等工业时期遗留的大型建筑物和基建设施如何处理？红砖、焦炭、矿渣、大型铁板等废弃材料如何处理？污水、雨水系统如何处理？拉茨及其合作者受到美国西雅图煤气厂公园的影响，保留大部分建筑物和基建设施，通过设计改造赋予其新的功能、重新解释工业特色和自然过程，作为工业时代的纪念物和园林景物。这种设计无论从物质还是意识形态看，都体现了后工业过程，与巴黎拉·维莱特颠覆文脉、反文脉的解构主义设计理念相反，该公园则是传承地方工业文脉的经典之作（图5-18、图5-19）。

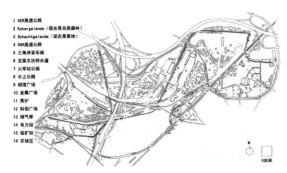

上：图5-17（左）　杜伊斯堡公园平面图
　　图5-18（右）　料仓花园
下：图5-19　空中步道

左：图 5-20 攀岩训练场
右：图 5-21（上） 炉渣广场
   图 5-22（下） 花园

（3）设计手法 高炉可以让游人安全地攀登、眺望，废弃的高架铁路被改造成游步道，并被处理成大地艺术作品，废弃的铁架被改装改成攀援植物的支架，高高的混凝土墙被改建成为攀岩训练场，光怪陆离的灯光营造的超现实的科幻美，料仓和废弃物被构筑成小花园，铁板用来铺成金属广场，利用原有建筑和循环水系统建造的水园等，这些都体现了生态主义的设计手法（图 5-20 至图 5-22）。

5.1.5 山地花园（苏黎世格拉茨）

建成于 2000 年，占地 5 公顷，设计者：厄恩斯勒·克莱默

（1）空间布局 山地花园为地景艺术的代表作，被誉为"抽象褶皱中的风景"和"梦幻般的花园"。公园四周有 5 米高的人造草墙围绕，犹如中世纪修道院的围墙。公园内金字塔草丘、

阶梯状的圆锥、石灰石块构筑的小花园、几何状的池塘及自然的树丛被几何形式切割的道路网连接起来（图5-23、图5-24）。

（2）设计语言　采用地景雕塑式的设计语言，塑造了纯净、梦幻、抽象的园林特色，地景雕塑式的景观为艺术展示活动提供了舞台，它是新世纪一种独立的、深深根植于花园文化的设计语言。该语言通过对大地景观的高度抽象概括，塑造像雕刻艺术和抽象艺术一样的生动景观作品（图5-25、图5-26）。

5.1.6 流浪汉公园（澳大利亚悉尼）

修建于2008－2011年，设计者为Terragram事务所和克里斯·艾略特建筑师事务所

（1）设计构思　该公园前身为流浪者、毒品交易者和酗酒者的聚集地，改造目标不是将流浪者们排除在公园之外，而是要通过设计将更广阔的社区融入这个公园里，鼓励公园的共享使用和公共所有。设计方案以公共安全、开放和融合为主题，通过精心摆设的座椅、椭圆形平台、树丛、草坪和铺装的设计，达到在大区域中营造小尺度人性化空间的效果。

上：图5-23（左）　花园鸟瞰图
　　图5-24（右）　褶皱状种植
下：图5-25（左）　临水台阶座椅
　　图5-26（右）　几何状池塘

（2）**空间布局**　公园西边和北边为流浪者招待所和围墙，东边和南边为城市道路，东边有高架公路穿过。公园内部由不同方向排列的若干座椅、椭圆形小平台、硬质铺装、树丛和草地组成，流浪者招待所后墙布置了一处白色外墙的厕所（图5-27）。

（3）**设计手法**　①座椅的设计充分考虑游人的行为特点。座椅设计是针对游人的行为特点创作出来的——他们往往喜欢组成小群体，在公园里的不同区域聚集。这一行为特征体现在桌子四周座椅的朝向，同时座椅舒适的宽度也让人们能够朝另一个方向坐下。这种类似于"回旋飞镖"式的座椅形式，在为更多的人提供聚会的同时，也能为每个个体保留一定的空间（图5-28）。②铺装与空间形态相呼应。作为一个以硬质景观为主的城市环境，公园采用可再生混凝土以及用于分隔的混凝土条进行铺装，并与公园的空间相呼应（图5-29、图5-30）。③精心设计的厕所既是建筑小品，又具有安全防护功能。厕所外墙为白色马赛克，夜间在灯光的照射下会显得更加突出

上：图5-27（左）　流浪汉公园平面图
　　图5-28（右）　座椅设计
下：图5-29（左）　铺装设计一
　　图5-30（右）　铺装设计二

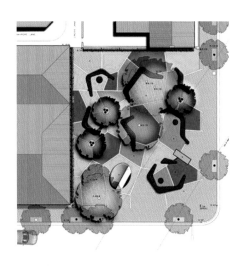

和耀眼，犹如公园的"灯笼"。厕所带图案的门是经过特别定制设计的，它带有的一条小缝是为了进行监察工作（图5-31）。

5.1.7 高线公园（美国纽约）

修建于1999—2011年，詹姆斯·科纳风景园林事务所领衔设计

（1）**设计策略**　公园前身为一条高架铁路运输线，风景园林师旨在将这条曾经非常重要的城市运输线转变成后工业时代的休闲空间，创造"高线之美"。采取"植—筑"的设计策略，将有机栽培与铺装材料按不断变化的比例关系结合，从高使用率区域（100%硬质铺地）过渡到丰富的植栽环境（100%软质绿化），在保留基地的基本原貌的同时，体现出一个新型公共开放空间所应具有的功能性和大众性（图5-32）。

（2）**尊重高线的场地特性**　场地特性包括单一性、线性，简单明了的实用性，草地、灌木丛、藤蔓、苔藓和花卉等野生植被与道砟、铁轨和混凝土的融合性。风景园林师从3个层面提出了高线公园的设计方案：首先是铺装系统，将条状混凝土板作为基本单元，在靠近植栽的接缝处被特别设计成锥形，植物可以从坚硬的混凝土板之间生长出来。第二个层面是放慢时间，营造出一种时空无限延展的轻松氛围，使游客放缓脚步流连其间。第三个层面是尺度的精心处理，尽量避免

上：图5-31（左）　厕所兼具景观小品和安全功能
　　图5-32（右）　高线公园鸟瞰
下：图5-33　"falcone flyover"夜景

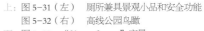

当前追求大而醒目的趋势，而采用一种更加微妙灵活的手段，结合公共空间的层叠交错，沿着一条简洁有致的路线呈现出不同的景观空间，让游客沿途领略曼哈顿和哈德逊河的旖旎风光（图5-33、图5-34）。

（3）景观功能　　"草坪和台阶座椅"则是一个面积为455平方米的大草坪，这个额外的空间被设计成一个聚会场所，上面的休闲座椅是由废旧的柚木制作而成，草坪的最北端向上"卷起"，把台阶座椅上的参观者抬升到几英尺高的空中，以享受布鲁克林以东和哈德逊河的美丽风光。"野花花坛"则是一个直线形人形步道，上面有耐旱性的草坪和种类繁多的野花。"第26大道观景台"这个设计旨在让人们回想起原来布置在公园上的户外广告牌，同时参观者还可以在木质的观景平台上坐下休息，欣赏第10大道和切尔西的风景（图5-35至图5-37）。

上：图5-34（左）　切尔西灌木丛
　　图5-35（右）　第23大道草坪和台阶座椅
下：图5-36（左）　第26大道观景台
　　图5-37（右）　由洛杉矶事务所设计的"HL23"

5.2
城市广场

修建于 1972－1979 年，占地 3 公顷，设计者：野口勇

（1）空间布局　哈特广场位于著名工业城市底特律，一边是底特律河，另一边是文艺复兴中心。哈特广场是野口勇大尺度空间雕塑景观的典型作品，广场整体设计简洁，以大面积铺装为主；临街入口分别为一个 36 米高的不锈钢标志塔和一个带有不锈钢圆环和置石的小广场，广场内是一个圆形下沉露天剧场和地下餐厅，广场中心为环形雕塑喷泉（图 5-38 至图 5-40）。

上：图 5-38（左）　哈特广场平面图
　　图 5-39（右）　哈特广场鸟瞰图
下：图 5-40　广场圆环入口

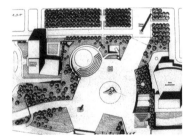

（2）隐喻意义 喷泉雕塑由一个面包圈形状的圆环和两根成对角线的支柱组成；环形的喷泉高出圆形花岗岩水池7米，智能控制的喷泉变幻无穷，时而是飘渺的雾景，时而是喷涌的水柱。喷泉与抛光的不锈钢和铝质材料组成光的交响画面，赋予哈特广场太空、科技的象征意义，代表了底特律飞机、火箭、制造业在美国甚至世界的先进水平（图5-40至图5-42）。

上：图5-41（左上）　广场中心喷泉
　　图5-42（左下）　广场临水雕塑
　　图5-43（右）　　邮政广场平面图
下：图5-44（下）　　邮政广场剖面图

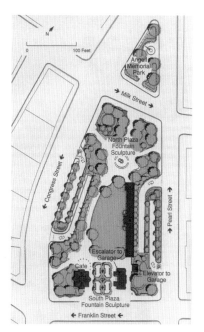

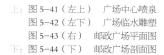

5.2.2 邮政广场（美国波士顿）

修建于 1981－1992 年，占地 0.7 公顷，设计者：Chuck Kozlwsk

（1）**空间布局**　该广场位于繁华的金融区，因该地有波士顿地区最早建立的一个邮政局而得名，公园价值和意义在于为高密度建设率、高额停车费、高商业价值城市金融区提供"汽车 - 树木"式（上有公园、下有停车场）综合利用的公园空间。邮政广场布局非常简单，由南北两个入口喷泉、中央大草坪、花架和咖啡店组成（图 5-43 至图 5-45）。

（2）**景观规划**　北广场中心的喷泉由雕刻家 Ben Tre 设计，在断水的冬季就是一尊以铜、玻璃为材料包括绿色和黑色两种主色调的凉亭式雕塑；而在夏季，则成为成人和孩子嬉戏玩耍休闲的喷泉。错时节配植的树木、灌木丛和花卉，使每个月份都有不同的色彩（图 5-46）。

（3）**人流设计**　广场除了斜坡之外，53% 是草地，47% 是硬质地面。广场设计各种不同类型的座椅，包括木制的、铁制的、花岗石制的，有远离街道的、靠近街道的。在人流高峰期，广场可以容纳 1000 多人，适宜于不同活动。喷泉可以让大人小孩驻足戏水，草坪提供非常休闲的静养之地，木质座椅独立舒适，花岗石圆柱支撑的整齐的花园格架界定半开放空间，铜顶咖啡店及其开放座椅提供饮食和休息，花岗石长墙为游人较多时提供座椅（图 5-47、图 5-48）。

上：图 5-45（左）　邮政广场鸟瞰图
　　图 5-46（右）　凉亭式雕塑
下：图 5-47（左）　花廊与座椅
　　图 5-48（右）　铜顶咖啡屋

1992 年建成，设计者：彼得·沃克

（1）**设计手法**　广场设计手法和设计元素如铺装、石块、喷泉的元素都反映了彼得·沃克极简主义的特色。由于建筑物分布及疏散人流功能复杂，使得广场用地比较分散，设计者首先设法将分布在各处互不联系的场地有效联系。利用不断重复的、有序的铺装图案连接铺地和步道，联系场地中的各种建筑。铺装是由日本古代庭园使用的细卵石铺地与周围车道使用的普通沥青重复有序地相间而成，以此把原有建筑物之间分散状态改造成统一、完整、醒目的区域（图 5-49、图 5-50）。

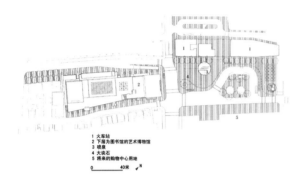

左：图 5-49（上）　丸龟火车站广场平面图
　　图 5-50（中）　广场铺装和置石
　　图 5-51（下）　广场方框喷泉
右：图 5-52（上）　雕塑般的置石
　　图 5-53（下）　灯光下的置石

（2）**设计特色和意义** 场地使用的设计元素非常少，包括一个圆形水池、四个方形框架喷泉、几组石块阵列。圆形水池中建造的一座喷泉，由四个不锈钢长方形框构成，水幕从每个框架上方如雨幕一般落下，流入池里。这个设计灵感有两层含意，一是代表日本传统的鸟居形式，二是象征这个城市港口常使用了龙门吊式起重装置。玻璃纤维制造的石块如蛇形排开，既可供行人坐憩，又可充当护栏；还有螺旋线式排列的，与条带状铺地形成对比，并具有类似枯山水的风水特征；石块内置的地灯在傍晚和夜晚发出不同的颜色的光，勾勒出石块的形状，为广场增添色彩和动感（图 5-51 至图 5-53）。

5.2.4 珀欣广场（美国旧金山）

1994 年建成，占地 2 公顷，设计者：里卡多·莱戈雷塔·比利切斯和劳里·奥林

（1）**空间布局** 设计者是巴拉甘风格的追随者，珀欣广场继承了巴拉甘建筑的特点，广场整体用色反映出洛杉矶城的西班牙血统，颜色的处理使珀欣广场既具有历史纪念意义，又不失现代的新鲜感和包容性。广场呈规则的长方形，长边是短边的近两倍，广场每侧都有停车场的出入口。广场地势南北高差 10 英尺，东西轴和南北轴相交于橘子树阵，广场北部是设有 2000 多个座位的罗马式的圆形露天剧场，铺地以草皮为主，并在草坪中设置折线形的矮墙坐凳。广场南部为一座圆形大水池，池岸由卵石铺砌，坡度平缓，沿池边设有三段弧形矮墙坐凳。水池中心高处跌水，水流来自紫色景墙，紫色景墙呈东转北的反 L 形，在 L 形长边顶端是位于广场中心东部的巨型紫色雕塑，是广场的地标，也是通风塔。广场西部为造型简洁的咖啡厅，外墙为鲜亮的黄色（图 5-54、图 5-55）。

图 5-54 珀欣广场平面图

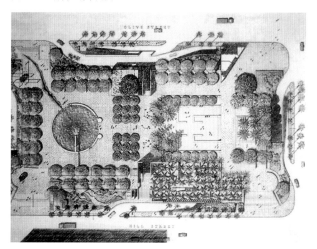

图 5-55 珀欣广场鸟瞰图

（2）**设计特色**　一是尺度对比，18米高的紫色高塔与景墙、咖啡厅在高度和体形上形成强烈对比，既突出高塔的地标性，也突出紫色景墙的水平延展性。二是形态对比，运用矩形、圆形和折线这几种简单的几何形态，使空间个性鲜明。三是色彩对比，高塔、景墙、建筑、雕塑和柱列采用巴拉甘风格的紫色、石榴红、土黄、橘黄、粉红，使每个构筑物都具有雕塑感，并隐喻了洛杉矶多民族、多种族的城市特色。四是动静对比，圆形水池宽阔的静水面与紫色景墙高处跌水增加了广场的活跃性（图5-56、图5-57）。

（3）**文化意义**　一条由广场西南角延伸向圆形水池的曲折的断层线，象征洛杉矶地处地震带的断裂层之上；紫色塔楼四周被墙体环绕以象征那些不复存在的古老城市的围墙；一系列纪念性雕塑提醒人们不要忘记城市历史；广场上水磨石子的铺地为南加州夜空常见的星座图案；广场中的三个望远镜各自代表珀欣广场不同的历史时期；广场上种植的橘树林，是对基地附近林地的怀念；弧形座椅靠背上的瓷烧旧明信片，述说着昔日的洛杉矶市容，意图借由共同的记忆凝聚社区意识（图5-58、图5-59）。

上：图5-56（左）　高度、动静对比
　　图5-57（右）　形态、色彩对比
下：图5-58（左）　瓷烧明信片的隐喻
　　图5-59（右）　断层线的隐喻设计

5.3
住宅花园

5.3.1 米勒庄园（美国印第安纳州）

建成于 1955 年，设计者：丹·凯利

（1）**设计风格**　米勒庄园是结构主义大师丹·凯利的第一个现代主义作品，也是现代景观设计最有影响力的作品之一，其成功之处在于丹·凯利没有否认古典主义的设计语言，而是采用一种将"现代主义"对空间的理解与"古典主义"的设计结构和设计形式巧妙结合的风格。米勒庄园中，规整种植的行道树、修剪整齐的绿篱、成排的植物都在用古典主义的设计形式诠释现代主义的空间理念。如：两行高大挺拔的稻子豆树形成一个视觉通廊，将视线引向亨利·摩尔的雕塑，形成透明墙体的绿色屏障。这道绿色屏障，很自然地完成了两个空间的转换，即从一个相对空旷的草坪空间转移到绿树成荫的相对围合空间。设计以"功能主义"为原则，改变传统"古典主义"的对称布局，并转化成"新古典主义"的形式（图 5-60、图 5-61）。

（2）**空间表现**　沙里宁设计的米勒庄园的建筑和丹·凯利设计的花园都依赖网格结构的空

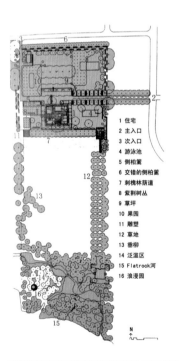

1 住宅
2 主入口
3 次入口
4 游泳池
5 侧柏篱
6 交错的侧柏篱
7 刺槐林荫道
8 紫荆树丛
9 草坪
10 果园
11 雕塑
12 草地
13 垂柳
14 泛滥区
15 Flatrock 河
16 浪漫园

左：图 5-60　米勒庄园平面图
右：图 5-61　规整的行道树形成视觉通廊

间表达手法，沙里宁将建筑的墙体和柱子的模型定为 2 英尺 6 英寸见方，作为室内外空间的设计形式；丹·凯利则用 10 英尺见方的网格结构种植树木和绿篱，景观的网格与建筑网格相互错位，并且作为强有力音符与建筑形体相呼应。通过这种结构，完成室内空间向室外空间自由地延续和转换（图 5-62）。

（3）**景观布局**　在米勒庄园里，一系列不对称布局被重叠累加，从室内建筑走向室外园子，通过紫荆围合的矩形空间，通往以位于门的轴线上的一个小喷泉为视觉中心的空间，在不知不觉中完成轴线方向的转变；室外大草坪由两种不同品种的黄杨木呈不对称种植，这种不对称布局正是现代主义设计的特点（图 5-63）。

（4）**审美表现**　现代建筑强调水平视线，米勒庄园建筑在平面上是一个一层楼高的矩形建筑——坡屋顶。凯利园林设计又强调了这种水平视线的美感。12 英尺高的绿篱成为绿色墙体，设定室外空间的界限；相同树种植物规则种植，在水平线上产生视觉连续感，清晰的直线道路和绿篱墙体边界更加强调了水平视线的视觉效果（图 5-64）。

5.3.2　圣·克里斯多巴尔庭院（墨西哥城）

修建时间为 1967—1968 年，设计者：路易斯·巴拉甘

（1）**设计风格**　巴拉甘的作品追求简洁和神秘感，某种程度上具有极简主义的风格，该作

左：图 5-62　绿篱形成网格结构
右：图 5-63（上）　不对称的设计
　　图 5-64（下）　水平视线产生美感

上：图 5-65（左） 圣·克里斯多巴尔（San Cristobal）庭院平面图
图 5-66（右） 庭院景观 1
下：图 5-67 庭院景观 2

品从设计元素的选取、色彩和水景的运用等方面均体现出巴拉甘的设计特色。该设计强调墙的质感的运用、色彩的处理以及对整个空间的"情感"效果的反馈。园林表现的要素十分简单，主要是墙体、色彩、水、阳光、声音、木制小品（图 5-65）。

（2）色彩运用　色彩表现上充分体现了地中海风情，他惯用的玫瑰红、土红、土黄、浅蓝、蓝紫等，这些色彩或提炼于生活，或来自于绘画的色彩组合，具有地中海摩洛哥及北非文化的特点，这也是他作品中独一无二的特征（图 5-66）。

（3）水景运用　浅而平静的水面、排水口、种植园中的蓄水池、流水的水槽、破旧的水渠等水景要素，是巴拉甘作品中的典型特点，这种水利工程式的独特处理水景的方式，也许与他水利工程专业背景有关（图 5-67）。

5.3.3 彼得·拉茨自家花园（德国巴伐利亚州弗赖辛市）

修建于 1991 年，占地 1 公顷，设计者：彼得·拉茨夫妇

（1）空间布局　彼得·拉茨及其夫人作为后工业文化景观设计的代表人物，从其居家兼事务所的花园设计和建造中，可以解读其景观表现的特点。该合院式住宅和办公区位于花园北部高

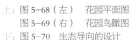

上：图 5-68（左） 花园平面图
　　图 5-69（右） 花园鸟瞰图
下：图 5-70 生态导向的设计

图 5-71 细腻的植物种植

处的中心地带，东西两侧为树丛和绿篱环绕的小花园，南部为起伏向下、一直延伸到缓坡谷底的大片草坡，被几组树丛点缀标识出个性的草地公园（图 5-68、图 5-69）。

（2）**生态体现** 新建办公室位于较高处，南面大面积的玻璃窗采集自然阳光；合院内部围绕建筑物三面的玻璃廊，具有气候调节功能；南边的水景花园位于地势最低处，来自于雨水的收集；花园四周修剪过的树篱，作保护墙的同时也起着防风功能，为花园提供舒适气候条件（图 5-70）。

（3）**美学设计** 拉茨夫妇因为设计了诸多以杜伊斯堡风景公园为代表的后工业景观，而被认为是历史园林的批判者。事实上，拉茨自家花园设计正是对世人这种错误认识的有力反驳。拉茨尊重一切美学上的设计尝试，包括意大利整形式模纹花坛和水阶梯等表现元素，并且他对这种景观有着强烈的崇拜感。在自家花园中，拉茨用细腻的方式表达了对文艺复兴时期花园的喜欢，满是波浪式的整形的黄杨绿篱与充满季相变化的自然式花卉植物相间其中，形成四季不同的美丽景观（图 5-71）。

5.3.4 宇宙猜想花园（南苏格兰邓弗里斯郡）

修建于 1988－1998 年，占地 120 公顷，设计者：查尔斯•詹克斯夫妇

（1）**空间布局** 该花园为英国著名建筑理论家、后现代主义设计师查尔斯•詹克斯及其妻

子玛吉·凯瑟克历时十年修建而成，他们将混沌理论、宇宙哲学、风水思想和形态生成理论以宇宙历史的新形式和比喻方式融入花园设计，形成极具浪漫色彩、独特视觉效果和玄奥思想的主题花园。花园采用许多波状或相互缠绕扭动的曲线与矩形、圆形等几何形态相结合，使布局呈流动和互补综合体。靠近住宅一侧采用矩形、圆形交错布局，打破传统园林形态统一协调的概念，形成矛盾景观体，且主题各异；花园外围多用曲线，西侧的蛇形山及波动的水景是花园景观曲线应用最为突出的部分（图 5-72）。

（2）设计语言　房屋前面的大平台，采用对称割裂的形态，表达宇宙出现时从能量、到物质、再到生命、最终到意识的飞跃状态。平地表达土地神中国龙，并用两种当地石块筑成"巨龙 ha-ha"石墙，蜿蜒盘旋于花园之中，其延续隐喻人类最后通向有序意识形态，也比喻英国传统园林表达边界的 ha-ha 这一历史要素。在家庭菜园 DNA 花园，玛吉·凯瑟克将人类包括直觉在内的六种感觉融入花园的设计要素，四座大型铝制雕塑象征 DNA 双螺旋结构，也代表味觉、听觉、触觉和直觉。嗅觉和视觉被形象描绘成夸张的大鼻子和带有光学装置的洞穴。蜿蜒的红色栈道和不规则曲线拱桥赋予了花园中国式园林特色（图 5-73 至图 5-75）。

（3）设计主题　蛇形山和蜗牛山通过怪异的土堆造型和夸张的水体形态，表达宇宙的混沌

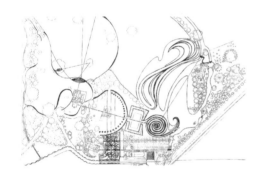

上：图 5-72　宇宙花园平面图
下：图 5-73　螺旋结构花坛水景

理论。一座高 15 米的蜗牛状锥形草丘、与之相伴的横向绵延起伏的蛇形山，以及盘旋的小路互相交错时而向上、时而向下，这样呈 S 状形成 120 米长波浪状起伏地面，勾画出三个 slug 湖面的轮廓，共同形成环形地带，这三个湖泊就像是风景中摆放着一面天空的镜子，也像是一只蝴蝶，隐喻自然界的不断改变（图 5-76）。

上：图 5-74（左）　中国风格跳桥
　　图 5-75（右）　扭曲的线条与形态
下：图 5-76　蜗牛山和蛇形山

单位庭院

5.4.1 加州剧本（美国洛杉矶）

建成于 1983 年，设计者：野口勇

（1）设计主题和表现手法　1983 年野口勇在加州设计了"加州剧本"，该庭院位于洛杉矶近郊一个商业中心中部高大的玻璃办公塔楼底下，平面基本为方形，空间较封闭（图 5-77）。在这样一个视线封闭、单调的空间中，野口勇布置了一系列的石景和雕塑元素，并设计了众多的主题，充分体现了加州的气候和地形：地面由大块南非浅棕色不规则片石铺砌，暗示布满岩石的荒漠。园中零星散落的一些石块，传达出日本传统庭院石组的意境，其中一组由 15 块经过打磨的花岗岩大石块咬合堆砌，称为"利马豆的精神"，源于设计师对加州富饶起源的联想（图 5-78）。加州发展早期，主要以农业为主，农作物主要是利马豆等豆类。"能量喷泉"的圆锥形喷水象征着公司创始人的奋斗精神和加州经济的繁荣昌盛。"沙漠地"的主题为一圆形土堆，表面铺以碎石与砂，上栽仙人掌植物，体现了加州沙漠风光。"森林步道"是一个单坡，周边种植有红杉，仿如加州海岸风光。园中还有一条时隐时现的溪流，象征加州主要的河流。水流从两片三角形高墙中涌出，曲曲折折、断断续续，最终没入三角锥石坡下（图 5-79）。除此之外还有其他主题如"土地利用""开发纪念"等。

（2）空间表达　该庭院设计把一系列规则和不规则的景观形状以一种看似随意的方式置于

左：图 5-77　加州剧本平面图
右：图 5-78　雕塑"利马豆的精神"

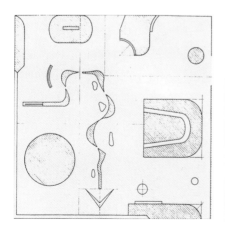

图 5-79 "沙漠地"和"溪流"

平面上，以一定的叙述性唤起了人们对景观的联想， 这些具有象征寓意的组成部分也试图创造出一种与世隔绝的冥想空间。野口勇曾说： "我喜欢想象把园林当作空间的雕塑。人们进入这样的空间，它是它周围真实的领域。当一些精心考虑的物体和线条被引入的时候，就具有了尺度和意义。"这就是雕塑创造空间的原因， 也是加州剧本庭院的深刻解读。

5.4.2 高级科学技术中心（日本兵库县）

建成于 1993 年，设计者：彼得·沃克

（1）**设计风格** 高级科学技术中心中心建筑由著名建筑师矶崎新（Arata Isozaki）设计，景观由彼得·沃克设计，于 1993 年完成。中心庭园是沃克众多作品中典型的范例，他对极简抽象艺术的爱好、对记录人类观察力的强烈愿望、对天地之间更加质朴和与自然联系的探索都显著地表现在作品中。

（2）**空间布局和表现手法** 中心庭院由两大部分组成。一是"火山庭园"，位于中心区，由成排规则排列的圆锥形山丘组成，每个山丘顶部都种植一颗顶着小红灯泡的柏树。当俯瞰这些灯泡时就像一组神秘编码的符号，夜幕降临时，这个场地就成了神秘的黑树林，盏盏红灯给人一种神秘感。对这个简单庭院的多种解释使人们可以从中感受到当代人类想用现代科学解释原始人类神秘符号的强烈欲望。另一座庭园位于矶崎新设计的建筑所围合的内部庭院里，位于火山庭园的北部，是个日本古典风格的庭园。庭园由一大片砂海组成，中间升起两座高山，一座是石山，一座是苔藓山，它们使庭园充满一种超现实主义色彩。一小片竹林占据庭园的一部分，薄雾徐徐从林中升起。石头和古木汀步分割并穿过庭园地面。这种现代的表述，反映了日本传统枯山水庭园沉静的力量，同时通过构图展现一种戏剧化的效果（图 5-80 至图 5-84）。

1 火山庭园 2 日本古典风格的庭园 3 蛇形溪流 4 通向住宅区的桥
5 跌落的池塘 6 散步道 7 大学区 8 住宅区 9 会议中心 10 宾客住所

上：图 5-80　科技中心庭院平面图
中：图 5-81（左）　石山和苔藓山
　　图 5-82（右）　古老的条木和石块形成的线
下：图 5-83（左）　古典"山"园
　　图 5-84（右）　抛光石的"码头"和"砂纹"

修建于 1997－1998 年，占地 2 公顷，设计者：阿德里安·格乌茨

（1）设计风格　1998 年，由荷兰著名风景园林设计师阿德里安·格乌茨（Adriaan Geuze）领导的荷兰著名的西部 8 人组为蒂尔堡的国际刑警保险组织总部建造了一个约 2 公顷的花园，该作品反映了西部 8 人组将艺术性风景园林的激进手法与生态敏感型结合创造景观的态度和风格（图 5-85）。

（2）空间布局和表现手法　通往庭园中心的入口是一座铺着木板、类似于建筑的桥，它连接着背阴的前庭和向阳的城市花园，并跨过一座连接着办公楼的大高台。高台上覆盖着厚重粗糙的挪威石板，象征干涸的河床。平台上摆放着由荷兰艺术家尼克·肯普斯（Nick Kemps）完成的、被称为"重力之轻的一面、第二部分"的一组铜绿色支架雕塑，铜架子支持着大块的绿色玻璃，上面印着半透明的作坊、工作室和仓库的影像，雕塑象征着"晾干"和"运输"。在桥的尽头，也就是庭院中心部分，设计师以建筑式的分散布局来设计道路、水池和草地。青灰色水池、土红色铺地与绿色草地形成色彩鲜明的对比，不规则铺地、草坪和水池在形态上也表达不确定性和多变性；狭窄的承雨线角，以清晰的方向表达强烈的透视效果（图 5-86）。

上：图 5-85　花园全貌
下：图 5-86　象征干涸河床的铺装

5.4.4 植物之被花园（泰国曼谷）

修建于 2009－2011 年，占地 3200 平方米，设计者：Shma Design 事务所

植物之被花园有三个公园，分别位于酒店地面入口处、7 楼裙楼顶和 32 层屋顶。一楼的花园是主入口前方的大花园，四周被公路包围。花园设计的理念是"植物之被"，用巨大的绿色面积来降低城市周围建筑环境所带来的压迫。多样的植物栽植在如同被花纹般的硬质景观中，形成美丽却又宁静的色彩和纹理对比。绿丛中隐藏的小路和休闲空间是人们躲避喧嚣的好去处。32 楼的花园位于主楼上空，里面有可以俯瞰城市景色的无边际泳池，泳池木质休息平台的铺装以及休息亭在形态、色彩、材质上与底层花园硬质景观保持一致（图 5-87 至图 5-92）。

左：图 5-87（上）　植物之被一楼花园平面图
　　图 5-88（下）　植物之被顶楼花园平面图
右：图 5-89　底层花园鸟瞰图

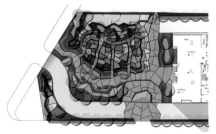

上：图 5-90　异形桌椅夜景
中：图 5-91　顶层花园无边际泳池
下：图 5-92　顶层花园夜景

参考文献 >>>

[1] 玛丽·帕多瓦文. 都江堰广场:一个叙事场所 [J]. 刘君,译. 中国园林,2006(6):33-37.

[2] 诺曼,K. 布思. 风景园林设计要素 [M]. 曹礼昆,等,译. 北京:中国林业出版社,1989.

[3] 计成. 园冶注释(2版)[M]. 陈植,注释. 北京:中国建筑工业出版社,1988.

[4] 乌多·维拉赫. 景观文法——彼得·拉兹事务所的景观建筑 [M]. 林长,等,译. 北京:中国建筑工业出版社,2011.

[5] 乌多·维拉赫. 当代欧洲花园 [M]. 曾洪立,译. 北京:中国建筑工业出版社,2006.

[6] 艾伦·泰勒. 城市公园设计 [M]. 周玉鹏,等,译. 北京:中国建筑工业出版社,2005.

[7] 彼得·沃克,梅拉妮·西莫. 看不见的花园——探寻美国景观的现代主义 [M]. 王健,等,译. 北京:中国建筑工业出版社,2009.

[8] 克莱尔·库珀·马库斯,卡罗琳·弗朗西斯. 人性场所——城市开放空间设计导则(2版)[M]. 俞孔坚,等,译. 北京:中国建筑工业出版社,2008.

[9] 里尔·来威,彼得·沃克文. 极简主义庭园 [M]. 王晓俊,译. 南京:东南大学出版社,2003.

[10] 马克·特雷布. 现代景观——一次批判性的回顾 [M]. 丁力扬,译. 北京:中国建筑工业出版社,2008.

[11] 亚历山大·加文. 城市公园与开发框架规划设计 [M]. 李明,等,译. 北京:中国建筑工业出版社,2007.

[12] 针之谷钟吉. 西方造园变迁史——从伊甸园到天然公园 [M]. 邹洪灿,译. 北京:中国建筑工业出版社,2004.

[13] 芭芭拉·塞加利. 西班牙与葡萄牙园林 [M]. 张育楠,等,译. 北京:中国建筑工业出版社,2003.

[14] 佩内洛佩·霍布豪斯. 意大利园林 [M]. 于晓楠,译. 北京:中国建筑工业出版社,2003.

[15] 安德鲁·威尔逊. 现代最具影响力的园林设计师 [M]. 张红卫,等,译. 昆明:百通集团云南科技出版社,2005.

[16] 芭芭拉·阿布斯. 荷兰与比利时园林 [M]. 刘燕,译. 北京:中国建筑工业出版社,2003.

[17] 伊恩·伦诺克斯·麦克哈格. 设计结合自然 [M]. 芮经纬,译. 天津:天津大学出版社,2006.

[18] http://www.chla.com.cn/ 中国风景园林网

[19] http://www.turenscape.com/ 土人设计网

[20] 曹林娣. 中国园林文化 [M]. 北京:中国建筑工业出版社,2005.

[21] 陈从周. 中国园林鉴赏辞典 [M]. 上海:华东师范大学出版社,2001.

[22] 陈从周. 说园 [M]. 上海:同济大学出版社,2007.

[23] 陈明松. 中国风景园林与山水文化论 [J]. 中国园林,2009(3):29-32.

[24] 陈志华. 外国造园艺术 [M]. 郑州:河南科技出版社,2001.

[25] 方尉元,郑安生,黄巍. 在艺术与技术之间——2010上海世博会庆典广场设计 [J]. 中国园林,2010(4):24-28.

[26] 封云. 亭台楼阁——古典园林的建筑之美 [J]. 华中建筑,1998(16):127-129.

[27] 广州普邦园林股份有限公司. 保利广州科学城居住小区环境规划方案图集,2004.

[28] 广州市城市规划勘测设计研究院. 珠江新城中央广场地下空间综合利用规划,2005.

[29] 何均发. 生态与文化的交融——四川成都府南河活水公园评介 [J]. 时代建筑,1999(3):59-60.

[30] 何平主. 凝固的乐章:欧洲古典园林建筑和它的故事 [M]. 武汉:湖北美术出版社,2002.

[31] 胡宇. 论撒法里主义装饰风格——以长隆酒店主题性装饰设计为例 [J]. 中国艺术, 2011 (5): 192-193.

[32] 金晓莹, 陆邵明. 挖掘地域文脉层, 塑造广场新景观——西湖文化广场环境景观方案设计 [J]. 规划师, 2006 (11): 55-58.

[33] 金学智. 苏州园林 [M]. 苏州: 苏州大学出版社, 2002.

[34] 李敏, 等. 广州公园建设 [M]. 北京: 中国建筑工业出版社, 2001.

[35] 李敏主. 中国古典园林30讲 [M]. 北京: 化学工业出版社, 2009.

[36] 林兰英, 王仁娟. 古典园林 [M]. 长沙: 湖南科学技术出版社, 2009.

[37] 刘敦桢. 苏州古典园林 [M]. 北京: 中国建筑工业出版社, 2005.

[38] 刘晓明, 吴宇江. 中国传统园林艺术: 梦中的天地 [M]. 昆明: 云南大学出版社, 1999.

[39] 彭一刚. 中国古典园林分析 [M]. 北京: 中国建筑工业出版社, 1986.

[40] 全小燕, 等. 广州长隆酒店二期庭园设计 [J]. 广东园林, 2011 (3): 32-35.

[41] 上海溢柯花园设计事务所. 品私家庭院 [M]. 南京: 江苏人民出版社, 2012.

[42] 上林国际文化有限公司. 花园别墅景观规划 [M]. 武汉: 华中科技大学出版社, 2006.

[43] 尚珊. 东西方园林之对比——浅谈中国园林与意大利园林 [J]. 陕西师范大学学报, 2008 (37): 314-315.

[44] 孙筱祥, 园林艺术及园林设计 [M]. 北京: 中国建筑工业出版社, 2011.

[45] 唐建, 林墨飞. 风景园林作品赏析 [M]. 重庆: 重庆大学出版社, 2011.

[46] 唐学山, 李雄, 曹礼昆. 园林设计 [M]. 北京: 中国林业出版社, 1997.

[47] 唐艺设计资讯集团有限公司. 居无止境 (第一册) [M]. 武汉: 华中科技大学出版社, 2010.

[48] 王其钧, 邵松. 古典园林 [M]. 北京: 中国水利水电出版社, 2005.

[49] 王其钧, 图说中国古典园林史 [M]. 北京: 中国水利水电出版社, 2007.

[50] 王清青. 广州花城广场规划设计分析 [D]. 华南理工大学建筑学院硕士论文, 2011.

[51] 王蔚, 等. 外国古代园林史 [M]. 北京: 中国建筑工业出版社, 2011.

[52] 王仙民. 上海世博立体绿化 [M]. 武汉: 华中科技大学出版社, 2011.

[53] 王向荣, 李正平. 空间的塑造——厦门海湾公园设计 [J]. 中国园林, 2005 (5): 17-23.

[54] 王向荣, 林菁. 西方现代景观设计的理论与实践 [M]. 北京: 中国建筑工业出版社, 2002.

[55] 王向荣, 林菁. 中关村软件园D—G1、D—G4地块景观设计 [J]. 中国园林, 2003 (6): 41-43.

[56] 夏建统. 英国传统园林艺术: 情感的自然 [M]. 昆明: 云南大学出版社, 1999.

[57] 夏建统. 点起结构主义的明灯——丹·凯利 [M]. 北京: 中国建筑工业出版社, 2001.

[58] 夏祖华, 黄伟康. 城市空间设计 (2版) [M]. 南京: 东南大学出版社, 2002.

[59] 肖芬. 论中国古典园林的意境美 [J]. 南昌大学学报, 2003 (34): 81-85.

[60] 荀志欣, 曹诗图. 从文化地理的角度透视中西古典园林艺术特征 [J]. 世界地理研究, 2008 (17): 167-173.

[61] 俞孔坚, 刘玉杰, 刘东云. 河流再生设计——浙江黄岩永宁公园生态设计 [J]. 中国园林, 2005 (5): 1-7.

[62] 俞孔坚, 庞伟. 理解设计: 中山岐江公园工业旧址再利用 [J]. 建筑学报, 2002 (8): 47-53.

[63] 俞孔坚, 石颖, 郭选昌. 设计源于解读地域历史和生活 [J]. 建筑学报, 2003 (9): 46-49.

[64] 俞孔坚. 足下的文化与野草之美——中山岐江公园设计 [J]. 新建筑, 2001 (5): 17-20.

[65] 张承安. 中国园林艺术辞典 [M]. 武汉: 湖北人民出版社, 1994.

[66] 张洪, 倪亦南. 东西方古典园林艺术比较研究 [J]. 中国园林, 2004 (12).

[67] 张家骥. 中国造园论 [J]. 太原: 山西人民出版社, 1991.

[68] 张丽军, 谢洁. 哈普林和野口勇——美国现代园林中的西方精神和东方精神 [J]. 规划师, 2004 (11): 109-112.

[69] 张祖刚. 世界园林发展概论: 走向自然的世界园林史图说 [M]. 北京: 中国建筑工业出版社, 2003.

[70] 周维权. 中国古典园林史 (3版) [M]. 北京: 清华大学出版社, 2008.

[71] 朱建宁. 法国传统园林艺术: 永久的光荣 [M]. 昆明: 云南大学出版社, 1999.

[72] 朱建宁. 意大利传统园林艺术: 户外的厅堂 [M]. 昆明: 云南大学出版社, 1999.

[73] 朱建宁. 西方园林史: 19世纪之前 [M]. 北京: 中国林业出版社, 2008.